大是文化

無駄ゼロ、生産性を3倍にする
最速で仕事が終わる人の時短のワザ

年度全國頂尖業務員、頂尖經理人

不空轉・工作省時術

聽到急件你就馬上做？難怪事情越積越多。
你該提升的不是效率，
而是抓出哪些事讓你做白工，然後不做！

四度榮獲日本最大人資企業瑞可利
年度全國頂尖業務員、頂尖經理人獎，
被拔擢為代表董事之後創業

伊庭正康——著　黃雅慧——譯

CONTENTS

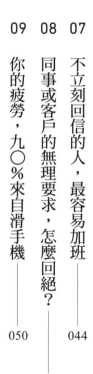

第 2 章

不被別人亂入的省時工作技巧——053

第3章

職場鐵規則：最快拿出成果的人贏

第4章

省時來自專注，大人比小孩更需要——123

第 5 章

一次就過關的省時寫作技巧——151

第 6 章

準時下班的人，都很會「請求支援」——177

第7章

提案老被打槍？因為你搞錯溝通對象——211

第8章 一天當中，你開了多少無效會議？ 239

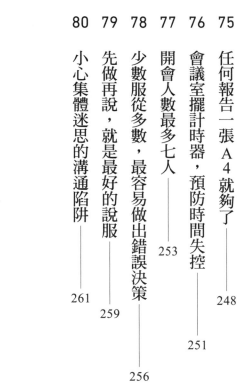

推薦序一

工作省時術，讓你從社畜到人生勝利組

時間管理講師／**張永錫**

一說到時間管理，很多人都以為關鍵在於提高效率，但《不空轉・工作省時術》這本書卻告訴你，**你該做的是抓出哪些事讓你做白工，然後不去做**。例如：利用ECRS分析法（見第三十六頁），將工作排除、組合、重新安排、簡化，就能省下大量時間。

被工作占據大部分時間的社畜上班族，到底該怎麼做，才能變成傑出的員工？無效的會議，該如何改善？其實，你只需要解決以下問題：

- 做好內部溝通。
- 找到幫助你提案通過的三位關鍵人物。
- 說服情緒化或固執己見的人。
- 搞懂主管的判斷標準：他想看到什麼？
- 準備會議資料。

針對上述問題，作者伊庭正康介紹了許多工作省時術，堪稱上班族的《葵花寶典》。首先，做任何報告，不能只用「起承轉合」，而是用PREP架構（見第一六二頁），讓文書作業簡明易懂。

其次，**每一份報告，都要能夠解決三個「不」，分別是不安、不滿、不便**，並藉由傾聽第一線的意見，找出最有力的解決方法。

那麼，怎樣的提案最容易過關？據說，日本軟銀（SoftBank）集團創辦人孫正義，他在看報告的時候，只要是十秒內無法決定，或拿不出數據佐證的資料，他就不簽字、通通駁回。

因此，接著還要給**主管最關心的三個數字：過去、現在、未來**，並以充足的舉證（最好加上圖示解說），列出該報告對未來的正面影響。

最後，魔鬼就在細節裡，**上班族一定要做好以下四件事——寫報告、電話、訊息、郵件**。比方說：

- 在會議前，先做好溝通，讓團隊對議題產生共識。
- 緊急狀況時，直接用電話聯繫。
- 電話沒有接通，可發訊息提醒對方。
- 得不到即時回覆，就寫郵件。也就是說，當你遇到上述緊急狀況時，必須以「對方能否盡快回覆」為優先考量。

文書處理更是作者的強項。例如：用雲端文件取代附件檔案。這個做法不僅比Excel或PowerPoint更有利於雙方協同合作，也能減少電子郵件往返聯絡、節省時間。

以我自己來說，平時我也經常透過Figma（按：線上介面設計工具，允許和團隊進行多人協同合作）及Keynote（蘋果電腦簡報軟體），和協作夥伴一起設計線上課程、演講的視覺素材。

視覺化及雲端協同作業已然是未來趨勢，不管是紙本報告、電腦、手機App，以及未來的雲端協作軟體，請各位務必學起來，如此才能成為一流的國際人才。

除此之外，作者也提到教導別人的重要性。他說，比起只有做筆記，**教會別人是最好的自學方法**。這是因為我們在溝通的時候，為了將大量的知識，快速轉化成別人可以理解的語言，所以往往也能加深學習的記憶。

最後，作者也分享了不少自己從YouTube斜槓成為講師的職場經驗，並強調**時間管理的重要性**——**只有掌控自己的時間，你才能擁有足夠的時間建立深層人際關係**，或者是多和家人、父母相處。

從天天加班的社畜變成人生勝利組，相信各位讀者一定能受益良多！

推薦序二

不上班、只工作，就從不空轉開始！

聲音表達講師、作家／林依柔

創業這些年以來，我深感越忙碌，其實能做的事反而越多，而其中最大的原因，是我更懂得運用時間，而非被時間追著跑。

就拿我自己來說，我平時是及聲顧問有限公司、小大人表達學院的創辦人，從策略規畫到業務接洽等，許多事情我都要一手掌控；此外，我本身也是一位講師、作家，在到處環島教學的同時，必須規律安排寫作時間，才有辦法產出文章內容；最後，我還是一名自媒體經營者，會固定拍攝影片，將我的教學觀察分享到YouTube頻道。然而，即便工作滿檔，我依然會抽出時間固定進修，以及每兩個月規畫一次放空小旅行，讓自己充電、釋放壓力。

以上這些，我都會分享在Instagram的限時動態中。但也因為這樣的「精實」行程，會引來諸多人的好奇，因此經常收到粉絲私訊問：「老師，妳這樣還有時間看書嗎？平時都是怎麼規畫時間的？」所以，當我收到《不空轉・工作省時術》的推薦序邀稿時，真心覺得太適合我了！

一天只有二十四小時，想做的事情卻很多，該怎麼分配且完全自主掌握？我最常先思考的策略，就是作者伊庭正康在第三章所提到的：「策略的本質是選擇不做什麼事情。」但我也發現，**很多時間管理不當，或是做事沒效率的人，之所以很容易會被臨時狀況、急件給打亂節奏，很大的原因就在於，不懂得取捨與拒絕他人的請求**。

尤其是當我們看待事情的格局不夠高時，往往會因為忘記盤點自己目前的狀態，甚至太過貪心，反而導致最後什麼都做不到（如同書中提到的——「什麼都想贏，你就會輸」）。

那麼，到底該怎麼分配時間，以及有技巧的重新排列既定的工作？作者在這本書就列出了許多實際的應用技巧，例如：我自己也很常用的番茄工作法；周圍稍微吵雜，精神更集中；找一把符合人體工學的椅子等，透過這些外力的輔助，更能創造工作的高效率。

除此之外，ＰＲＥＰ架構，商業寫作不卡關；三步驟，我把質疑變信賴；先確認底線，什麼事都好談，這些技巧也都能讓你學會拉高格局；或是從結果倒推目標及策略，幫助自己擺脫窮忙與空轉的耗時狀態。

想要輕鬆達成目標，並獲得更多成就感，其實並非難事，只要你先把《不空轉・工作省時術》這本書看完一遍，再將自己的每個選擇和時間分配記錄下來，相信我們都能越有效率，活出自己想要的理想人生。

前言
不加班前提下，我拿過四次全國業務冠軍

你是否也有過這樣的茫然？

那就是工作永遠做不完、時間永遠不夠用，每天都忙到懷疑人生。

在文章一開頭，我就提出這種問題，或許不太妥當，然而這卻是我過去職涯最真實的寫照。

因此，我由衷的希望能透過這本書，告訴大家：「**只有拿回時間的主導權，你才能成為人生、工作的贏家。**」

當然，提升工作效率非常重要，但我認為所謂的效率，有時反而導致工

作量增加。

例如，當同事或主管臨時安插任務，說：「客戶很急，你先處理這個case！」很多人為了趕交期，便會立刻停下手邊的工作。可是，一有空檔，又會有其他急件找上門來。

於是，為了應付這些額外的工作，你只能不斷的加快處理速度。但如此下來，工作便接踵而至，一件接著一件，讓你永遠做不完。

我曾是加班狂，現在每天準時下班

不好意思，還沒向大家自我介紹。

我是伊庭正康，目前是RASISA LAB培訓公司的代表董事、企業培訓講師。曾在人力資源公司瑞可利（Recruit）擔任過許多職務，包括業務主管、經理等，之後透過企業的內部創業，自立門戶。在不加班的前提下，曾拿過四次全國業務冠軍，累計接受獎項超過四十次。因此，在離開瑞可利以後，我才能透過演講、研討會或出書，分享我的省時工作祕訣。

儘管如此，我以前其實也是每天加班，把自己搞到身心俱疲。雖然我自認為身體還撐得住，但健康終究出現了警訊。一開始是氣色差，常被客戶提醒黑眼圈太重，接著是三不五時會頭痛、反胃。即使有時站都站不穩了，也只能硬著頭皮，咬牙撐下去。為了衝業績，好幾次甚至還得靠止痛藥，才能繼續跑業務。

直到我向上呈報工作狀況時，主管狠狠的教訓我：

「一直加班的人，怎麼有辦法把工作做好？」

老實說，主管的這句話真是當頭棒喝，因為當時的我對時間管理一點概念都沒有。

最後，主管只說：「這樣吧，你先看一看該怎麼規畫行程表吧！」

沒想到，主管的這番指點，竟成了我職涯的轉捩點。

不再加班，成果反而多出兩倍

現在回想起來，我的主管嗆歸嗆，但所言不無道理。再怎麼說，他在業界可是從不加班的超級業務員。

於是，在主管的教導下，我從安排時程表，開始學習各種可以提高效率的工作技巧，例如：「工作要有優先順序」、「一次就把事情做對」、「不浪費時間做無效工作」等。在短短一個月內，我便掌握了工作省時術的訣竅。

從此以後，我幾乎不用加班。更令人振奮的是，業績還上漲四、五倍。**工作減少了，但成果卻提升，如此便能將更多心力集中於正事**。

這就是我想與各位分享的省時術——不空轉、產能提升三倍。

想想看，連我這種加班狂，都能在短短一個月以內擺脫加班地獄，我相信各位一定能做得比我更好！

「**做好時間管理，就能拿回人生的主導權。**」當你能夠這樣想的時候，就是改變自己最好的時機。

接下來，你還在等什麼呢？

第 1 章

你的疲勞，90％來自空轉

01

一忙就出錯？代表你的專業還不夠

相信不少人都有這樣的困擾：在職場上，到底應該展現效率，還是力求細心？

其實，就我長年為各大小企業提供研習、輔導超過八萬名學員的經驗來看，**速度和細心，從來都不是二選一**。換句話說，就是既有速度，出錯率也低，同時擁有這兩項特質的人，到哪往往都是搶手人才。

道理很簡單，過於謹慎而延誤進度，有可能會造成其他人的困擾；而一味的追求速度，則容易因為失誤或錯字連篇，導致信賴度降低。然而，速度和細心真的不可兼得嗎？其實，只要不做會浪費時間的事，就能兩者兼具。

舉個例子好了，我曾邀請某位人氣創作者剪輯 YouTube 的影片。據說，

1　速度與細心，缺一不可

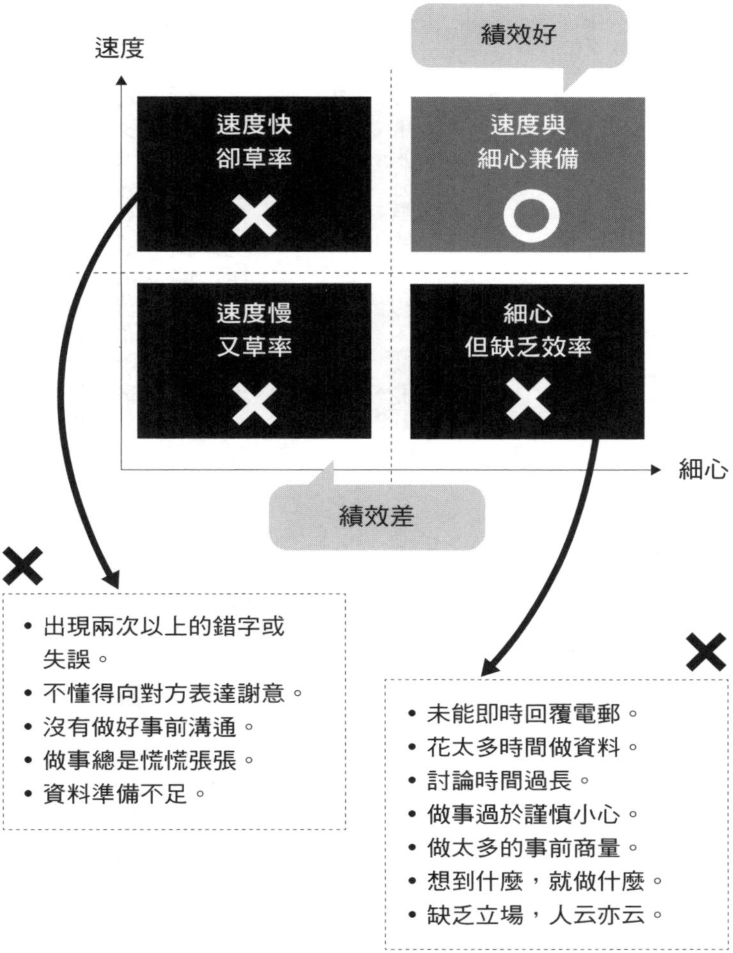
速度
績效好
速度快
卻草率
速度與
細心兼備
速度慢
又草率
細心
但缺乏效率
細心
績效差
• 出現兩次以上的錯字或失誤。
• 不懂得向對方表達謝意。
• 沒有做好事前溝通。
• 做事總是慌慌張張。
• 資料準備不足。
• 未能即時回覆電郵。
• 花太多時間做資料。
• 討論時間過長。
• 做事過於謹慎小心。
• 做太多的事前商量。
• 想到什麼，就做什麼。
• 缺乏立場，人云亦云。

任何影片他都能在三個小時以內搞定，即使一次處理超過兩百部影片，他也不曾出錯過。就連版權的細節問題，他也會主動幫忙確認。

雖然我們大多只透過私訊溝通聯絡，但有一次，我為了感謝他的幫忙，短訊多打了幾行字，沒想到他立即回覆：「不用這麼客氣，以後給我個貼圖就好。」我想，這就是在工作步調緊湊的現代，能夠展現細心、又有效率的人吧！

相信不少讀者心中還是會疑惑：「怎麼可能？」可能的，絕對可能。只要各位按照我接下來分享的技巧，便能同時兼具速度與細心。

02 我用三分法，刪除不必要的工作

職場上最講求效率，問題是：什麼是效率？什麼又是做白工？老實說，我以前也搞不太懂。

其實，所謂的效率，並非憑空而來。只要利用三分法，將代辦事項分成以下三大類，很快就能看出其中的差異：

①主要作業：越做越加分，能夠展現個人價值的項目。

②附屬作業：附屬於主要工作的項目。

③無效作業：無法創造任何績效的項目。

從上述三個項目，我們可以發現，只需要減少②附屬作業，並將時間集中在①主要作業，自然事半功倍。

附帶一提，所謂的主要作業，指的是該職務的主要工作。例如，業務員的主要工作就是拜訪客戶，而主管的工作就是督促部屬、將部門管理好等。這類的工作可以盡量增加。

各位不妨參照左頁圖表2，思考一下自己的工作並分門別類，以作為日後改善工作效率的指標。

2　工作的第一步：用三分法，刪除不必要的工作

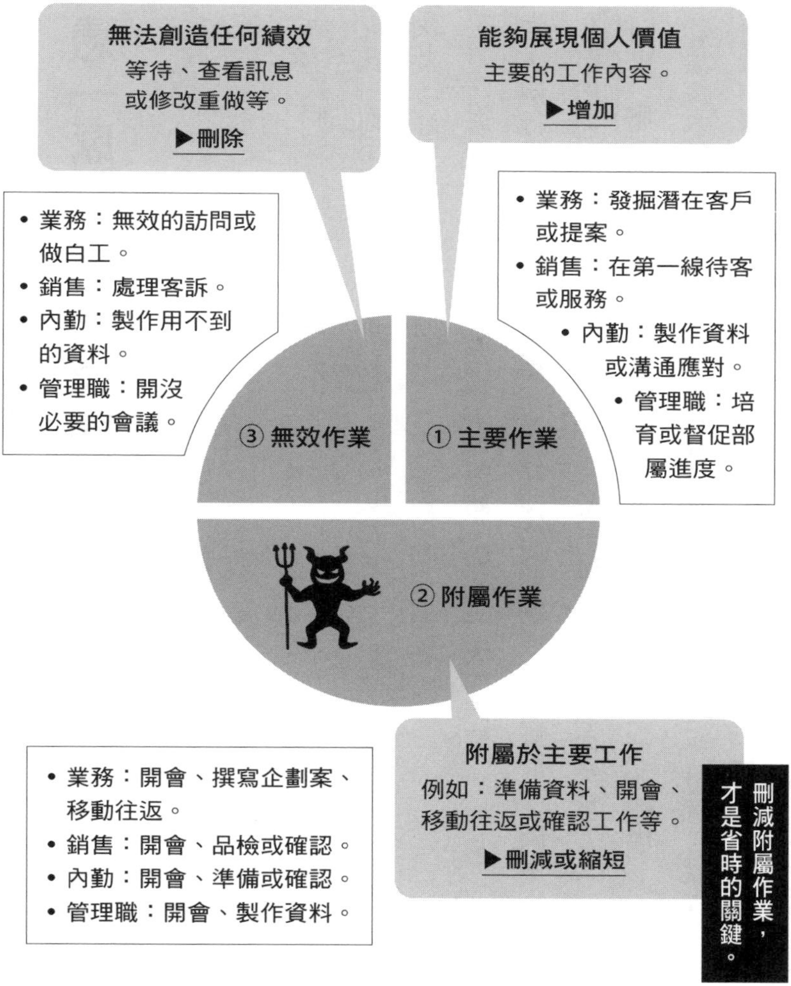
無法創造任何績效
等待、查看訊息
或修改重做等。
▶刪除
能夠展現個人價值
主要的工作內容。
▶增加
• 業務：無效的訪問或做白工。
• 銷售：處理客訴。
• 內勤：製作用不到的資料。
• 管理職：開沒必要的會議。
• 業務：發掘潛在客戶或提案。
• 銷售：在第一線待客或服務。
• 內勤：製作資料或溝通應對。
• 管理職：培育或督促部屬進度。
③ 無效作業
① 主要作業
② 附屬作業
• 業務：開會、撰寫企劃案、移動往返。
• 銷售：開會、品檢或確認。
• 內勤：開會、準備或確認。
• 管理職：開會、製作資料。
附屬於主要工作
例如：準備資料、開會、
移動往返或確認工作等。
▶刪減或縮短
刪減附屬作業，
才是省時的關鍵。

03 憑「感覺」，最浪費時間

接下來，我們要將無效工作數據化。

這就好比「你不理財，財不理你」，如果只靠感覺來做事，當然永遠不會進步。因此，在一開始執行的時候，一定要做好時程規畫。

首先，不妨**從最花時間的三大例行工作開始，安排一天的時程**。

所謂**三大例行工作，指的是電郵、資料報告與開會**。這類屬於②附屬作業，因此粗估即可，無須占用太多時間。**一般最好在三分鐘以內完成**。

話說回來，無效工作不可能完全都沒有，不過要刪減至一半並非難事。

比方說，如果每天花一個小時準備開會資料的話，只要縮短為三十分鐘，就等於一個月減少浪費十個小時（相當於一個工作天）。

3　3大例行作業，要限時間做

電子郵件

【提示】
處理每封郵件約需7分鐘。
（亦即收件、發信為1：6）

【一天】
小時　　分鐘

資料報告

【提示】
除了撰寫的時間以外，必須加上蒐集資料或思考的時間。

【一天】
小時　　分鐘

開會

【提示】
除了原本開會時間以外，必須加上召集、查資料或做會議紀錄的時間。

【一天】
小時　　分鐘

【合計】
小時　　分鐘

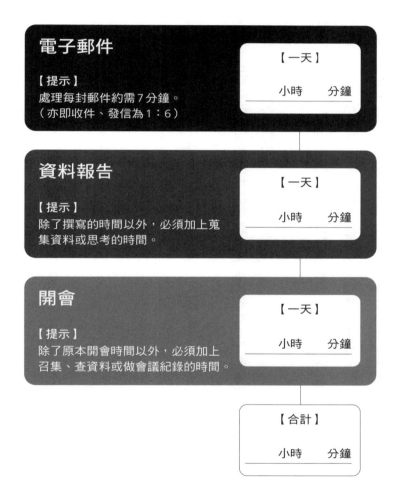

04

ECRS分析法，找出無效動作

接下來，我要介紹如何具體的減少無效工作。

首先是工業工程（Industrial Engineering）中常用的ECRS分析法。我在時間管理課程中，時常會介紹到ECRS分析法，因為可以達到更高的生產效率，有些公司甚至利用此分析法，取消毫無意義的工作週報與晨會。

ECRS分析法的步驟如下：

步驟1　排除（Eliminate）：刪除對績效毫無影響的工作項目。

步驟2　組合（Combine）：檢查能否將工作集中處理。

步驟3　重新安排（Rearrange）：重新調整工作的順序和比重，降低

4　ECRS 4 大步驟，避免無效工作

分析重點		範例
E Eliminate 排除	刪除對績效毫無影響的工作項目。	• 週報或報告等文書。 • 晨會或會議。 • 拿不出成果的業務手法或專案。 • 打卡（不進公司或居家辦公）。 • 不必要的工作。
C Combine 組合	檢查能否將工作集中處理。	• 生產與品檢能否同時進行？ • 能否合併會議？ • 能否整合業務？ • 能否合併訂單？
R Rearrange 重新安排	重新調整工作的順序和比重，降低不必要的行動。	• 變更流程順序。 • 變更業務推廣方法（縮短跑業務的時間）。 • 減少加班 （提高產能或控管加班成本）。
S Simplify 簡化	思考如何將工作簡化。	• 簡化報告作業或數據。 • 簡化製作或分享資料的方法，例如利用谷歌雲端硬碟中的文件或試算表。 • 建立範本（如報價單、請款單、出貨單、企劃案或報告等）。

不必要的行動。

步驟4　簡化（Simplify）：減少作業程序，將工作簡化。

其中，成效最為顯著的，首推排除，也就是避免浪費時間。因為花上一大堆時間做白工，根本毫無意義。**凡是可有可無的作業，不做就對了**。請各位試著按照ＥＣＲＳ的順序，努力精簡自己的作業、提高工作效率吧！

05 四象限法則，我把時間花在第二象限

接下來，讓我們來確認怎麼安排工作順序吧！這可不是我在危言聳聽，如果搞錯順序、不懂得提高效率，那麼，你的生活，不，應該說是你的整個人生都會陷入空轉。

什麼是優先順序？很簡單，請參考下頁圖表5，X軸、Y軸分別是急迫性、重要性。**當急迫性與重要性越高，就代表必須優先處理**。

但時間管理還有一個關鍵：第二象限。也就是，**急迫性不高，卻很重要的工作，要第二順位處理**。第二象限內的工作算是一種自我投資，要是擱置延宕，極可能會讓你錯失升遷的機會。各位不妨參照下頁圖表5，找出有哪些工作是屬於第二象限。一旦找到方向，便能徹底減少無效工作。

5　四象限，釐清工作順序

急迫性：高 ←→ 低
重要性：高 ↕ 低

1　第 1 象限

- 與成果相關的主要業務。
- 急迫性問題。

【範例】
- 提出資料或企劃案。
- 處理客訴。
- 較為緊急的討論或商談。
- 失誤或故障的因應等。

2　第 2 象限

- 做好事前改善與準備。
- 學習技能與專業知識。
- 人際管理。
- 健康管理。

【範例】
- 為下一季或下半年做準備。
- 確保研習時間。
- 聽取相關人員的意見。
- 規律運動或定期健康檢查。

3　第 3 象限

- 非主要業務的急件。
- 例行性工作。
- 雜務。

【範例】
- 臨時急件。
- 臨時訪客。
- 例行性會議。
- 製作不必要的資料等。

4　第 4 象限

- 不屬於主要、附屬作業，也沒有期限的工作。

【範例】
- 等待的時間。
- 開會超時。
- 沒有目的的集會。
- 為了打發時間，瀏覽新聞或訊息等。

鎖定第 2 象限，
行有餘力再處理第 3 象限。

06 先做急件，難怪你一直空轉

你也有這樣的習慣嗎？一聽到「這份資料急著要」，就立刻停下手頭上的工作，幫對方優先處理。問題是如此一來，反而讓自己手忙腳亂。這可是個壞習慣，請務必調整做法。

所謂的工作省時術，並不是立刻去做，而是由自己決定何時完成。因此，在遇到這種情況時，你應該**先和對方交涉期限**。

事實上，臨時安插進來的工作即便不是急件，同事或主管也會表現出一副很緊急的樣子。

這也是為什麼，擅長時間管理的人，都知道交涉期限的重要性，只是一旦處理得不好，有可能會產生衝突。我也是這麼認為，不過我踏入社會三十

6 主動交涉期限，才能掌握工作主導權

NG

OK

多年，卻也從未因此與人爭得面紅耳赤，相反的，我靠這種做法還得到不少正面評價。

當你下次再遇到同事或主管說「這份資料急著要」時，不妨試著說：「**好，可以三天後交嗎？**」這樣不僅能幫自己爭取多一點時間，一旦提早完成，對方也會對你刮目相看。

唯一要注意的是，交涉時要注意語氣與用詞，避免因過於直接，而與他人產生衝突。至於交涉方法，留待後文說明。

07 不立刻回信的人，最容易加班

對於上班族來說，最麻煩的就是每天要回覆一堆信件，有時甚至還得加班。原因很簡單，收發一封郵件平均七分鐘，十封下來，便是七十分鐘。換句話說，只要沒有即時回覆，就是下班後還得花上一個多小時處理。

每天要多一個小時，如此一來，還有什麼工作效率可言？

其實，只要懂得**利用一分鐘的空檔，回覆兩、三封郵件**，你就不用為此再特地加班。

以我來說，我**會利用搭電梯或開會的空檔回覆電郵**。所謂積小成大，這就是不做無效加班的小祕訣。

當然，有時因為工作太忙，真的無法即時回覆。此時，只需簡單一句：

7　利用一天的空檔，不用再加班回信

NG

OK

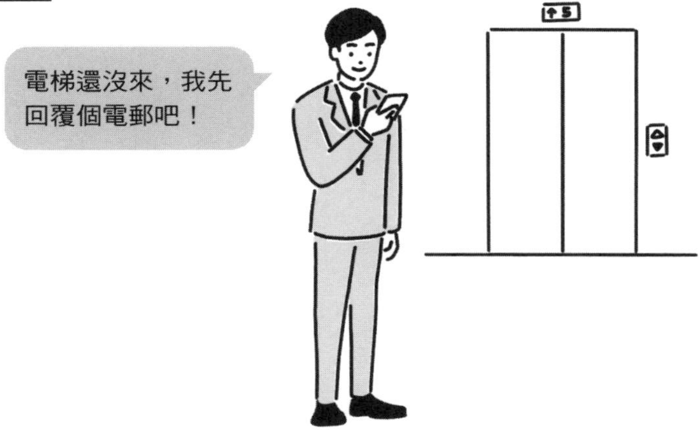

「您好，我已收到信，這兩天會盡快回覆您！」就不會被信件追著跑。或許有些讀者會想：「怎麼可能讓客戶等上兩、三天？」當然不是，這不過就是交涉的一種手法。實際上，你隔天就會回信了，這樣豈不是更加分？

08 同事或客戶的無理要求，怎麼回絕？

你周遭也有一直丟工作給你的人嗎？

雖然不難理解有些人這樣做是基於求好心切，但是想到什麼就做什麼，工作不就沒完沒了？

換句話說，如何不被**這些額外的工作打亂步調**，**就顯得格外重要**，否則你就只能成天為別人瞎忙。

例如，在雙方忙得不可開交的時候，總會有人說：「那麼，下週一線上討論吧！開會前，可以請你準備一下〇〇資料嗎？」

但仔細想想，現在網路這麼發達，不管是通訊軟體、電郵或者雲端資料夾，隨時都能共用檔案，幾乎不必另外再花時間討論。那要怎麼做？

8　8種地雷同事、客戶的應對方法

動不動就線上開會

好的，不過我最近實在抽不出時間來，請問方便先透過E-mail聯絡嗎？

凡事都一定要見面談

好啊，我也想跟您當面聊呢！不過，最近實在走不開，方便先視訊嗎？

老是丟急件給別人

了解。不過，我這個星期的行程都排滿了。可以3天後交嗎？

整天跟你要資料

不好意思，我現在有點忙不開，可以先提供之前的○○資料嗎？

＊利用現成的資料因應，以免浪費時間。

一直問你意見，又三心二意

不好意思，讓你費心問大家意見了。要不要先整理一下現在有哪些意見呢？

想改就改，不一次把話說完

你要再修改嗎？若方便的話，我想先核對一下。

＊透過事先確認，除了能避免重做，也能將修改幅度降至最低。

一旦遇到對方無理的要求，記得主動回擊。

如果是我的話，會說：「不好意思，我現在手上還有工作要處理，還是我上傳到雲端，你先看一下資料吧？」

如此反向提出另一種做法，不僅對自己有利，於雙方而言，不也是一種雙贏嗎？

09

你的疲勞，九〇%來自滑手機

各位是否也有手機上癮症呢？這樣的人可得小心了。因為這個習慣有可能會造成腦部疲勞，進而影響工作效率。坦白說，我也曾因手機成癮而深受其害。

我曾經有一段時間，一有空檔，就會反覆查看郵件或訊息，甚至連洗澡時也要看一下手機。當時的我確實完全沒有工作效率可言，不僅無法集中精神，反應也變得很遲鈍。

如果各位也有以上的情況的話，請**試著一個小時不滑手機**吧！

根據腦神經外科醫師奧村步的研究[1]顯示（按：全書參考書目，請見第二六七頁），當人們過度使用手機時，大腦會因為停留在淺層思考，而無法

9　練習不滑手機 1 小時

電子郵件
• 不知道那件事後來怎樣了？
• 我也上網聊一下吧！
• 這個方法看起來很不錯，不如試看看吧！
• 到底該搭電車，還是公車？
思考
讓大腦休息
小錯誤不斷
無法變通
缺乏注意力
或幹勁

深入思考或休息，並因此造成大腦隨時處於疲勞狀態。

幸好，我現在已經戒掉手機了。藉由一個小時不滑手機的練習，我的專注力與思考力終於得以恢復。如果各位也有同樣的困擾，不妨參照我的建議，讓大腦休息一下。關於如何戒除手機成癮症，請容我稍後介紹。

第 2 章

不被別人亂入的省時工作技巧

10 若則計畫法，執行力兩倍增

當我們要展開一件計畫時，經常會猶豫不決。此時，不妨試試看**若則計畫法**（**If-then planning**）。這是由美國哥倫比亞大學（Columbia University）社會心理學家海蒂・格蘭特・海佛森（Heidi Grant Halvorson, Ph.D.）教授所提倡，能夠大幅提高執行績效的方法。

分析步驟相當簡單，只需決定規則──「**若A則B**」即可。這在心理學，被稱為「條件式反應」。

根據實驗結果顯示，採用若則計畫法，報告的成效能提高二・三倍，運動習慣則是二・五倍。這套方法尤其適合想提升工作動機、任何事都提不起勁，容易身心陷入疲乏的上班族。

10　若則計畫法示範

若Ａ則Ｂ：○○ 時候，就 △△

- 猶豫不安的時候，就將風險寫下來。
- 無法立即回覆，就告知對方所需天數。
- 提不起勁的時候，就立刻停下手邊的工作。
- 一有空，就回覆電郵。
- 5 分鐘內可以完成的工作，就立刻處理。
- 覺得很累的時候，就聽音樂。
- 遇到無法處理的問題，就立即跟主管報告。

善用若則計畫法，
執行力提高 2、3 倍。

事實上，我個人就是若則計畫法的奉行者。例如日常生活中，我會規定自己「起床以後，就量體重」，而工作方面則如上頁圖表10所示，我也會訂定一些規則，而這些規則現在已成為一種習慣。

這個方法不僅容易執行，效果也很顯著。如果能夠同時搭配其他不拖延工作技巧的話，一定會更加事半功倍。

11 條列式風險控管，不再想東想西

大家也有以下這樣的經驗嗎？因為擔心自己會失敗，或是對自己沒有信心，手上的工作一拖再拖？事實上，**這種不安的情緒並非因為缺乏自信，而是沒有做好風險控管罷了**。

那麼，怎麼控管風險？其實很簡單，只要參照以下四個步驟：

步驟1：將可能影響進度的風險條列式寫下來。
步驟2：評估風險發生的機率與嚴重性。
步驟3：篩選出高度風險。
步驟4：研擬預防措施與對策。

11　透過風險控管，消除內心的不安

步驟 1
條列式風險

步驟 2
評估風險
（等級分 0、1、2）

步驟 4
研擬對策

＊數字越高，表示風險越高。

評估重點	篩選風險	評估			預防（降低風險）	因應對策
		發生機率	影響力	總評分		
○	採購不足，無法進貨	2	2	4	開發新的調度管道。	推出其他的替代產品。
○	客戶不再續約	2	2	4	安排雙方老闆餐會。	提出特別的企劃案。
○	因居家辦公而減少拜訪客戶的機會	1	2	3	建議線上訪談或討論。	透過電郵，保持聯絡。
	因居家辦公而影響簽呈批准的速度	1	1	2	提前申請。	如簽呈未能通過，以目前的方案替代。
	突發狀況過多，無法按部就班的執行	0	1	1	增聘內勤員工（調派或招聘）。	委託派遣公司。
○	帶新人占用太多時間	2	1	3	每天晨會，和新人確認工作事項。	提供內部研習課程。

步驟 3
篩選出高度風險

作為一位資深業務員，每天擔心的不是接不到訂單，就是月底的業績能否達標。然而，當我用了這個方法以後，不僅增加了自信，做起事來更有把握，業績也越做越好。除了業務推廣以外，**條列式風險控管也適用於其他上班族**。只要習慣以後，無須一一寫下來，也能知道如何因應。

12 做事拖拉？先減少「準備」

眾所周知，蘋果（Apple）創辦人史蒂夫・賈伯斯（Steve Jobs）與臉書（Facebook）執行長馬克・祖克柏（Mark Zuckerberg），為了避免消耗精力，每天都穿同樣的衣服。減少精力消耗，就等於不浪費時間，工作的執行力自然會提高。

換句話說，**越是繁瑣的作業，就盡量簡化吧！**這項方法除了能提升若則計畫法的效果，透過作業程序的簡化，也**能讓執行力得到最大發揮**。

我經營YouTube頻道時，每個星期會固定上傳四部影片，跟粉絲分享商業技巧。但老實說，因為影片都是下班之後再拍攝的，所以有時真的很想偷懶個一、兩次。不過，幸好我也不用重新換裝或打扮，可以就地拍攝，因此

12　要花時間準備，工作就容易拖延

NG

OK

省下不少準備的時間與功夫。

在你準備開始之前，不妨盡可能的縮減準備的時間，例如：下班前，先將第二天要用的東西準備好，那麼一到公司就能夠立即展開工作。

13 老被安插急件？排滿三週後的行程

你也曾經因為急件，而延誤原本該做的正事嗎？

倘若如此，我建議你可以先排好**三個星期以後的行程**。如果因為行程有太多空檔，讓同事或主管有機會臨時安插任務的話，這就表示**時間的主導權不在你身上**。

為了不被別人牽著鼻子走，請務必把行程排滿。這就是我在第一章中提到，第二象限（急迫性不高但重要）的工作不被拖延的訣竅。

那麼，如果交代下來的任務（如第一象限）推託不了的話，又該如何是好？此時**不能放下手邊的工作，而是利用其餘的時間處理**。

事實上，許多能掌控時間主導權的人，都是透過以下三個步驟，規畫自

13 這樣安排行程，進度絕不拖延

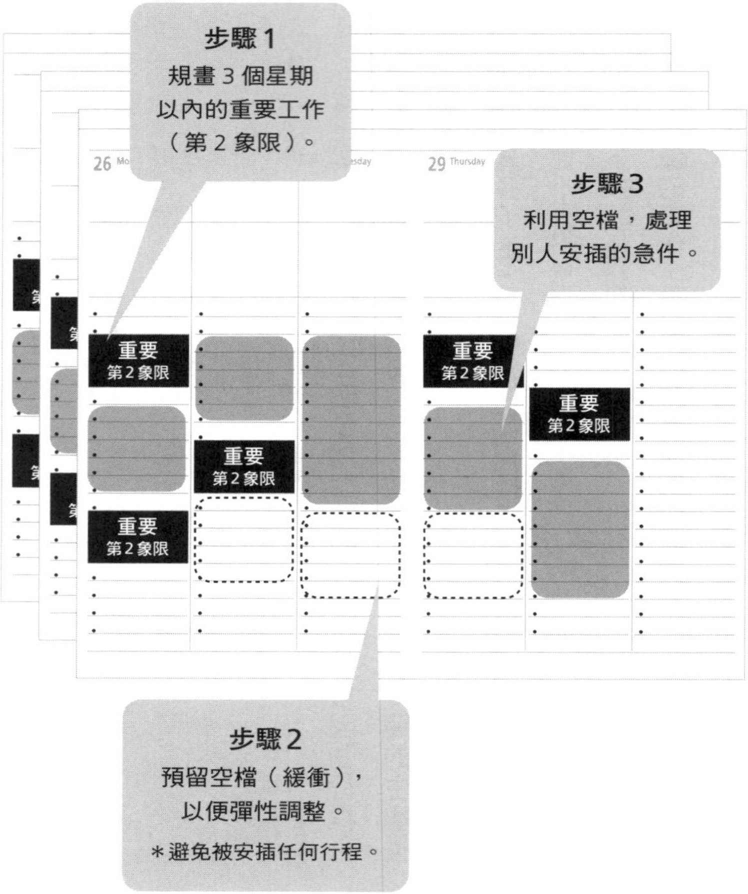
步驟1
規畫3個星期
以內的重要工作
（第2象限）。
26
29 Thursday
步驟3
利用空檔，處理
別人安插的急件。
重要
第2象限
重要
第2象限
重要
第2象限
重要
第2象限
重要
第2象限
步驟2
預留空檔（緩衝），
以便彈性調整。
＊避免被安插任何行程。

己的工作。各位不妨參考看看：

步驟 1：規畫三個星期以內的重要工作。

步驟 2：預留空檔，以便彈性調整。

步驟 3：利用空檔，處理別人安插的急件。

14 規畫五大資產，拒絕人生空轉

該怎麼安排三個星期以後的行程？

祕訣就藏在倫敦商學院（London Business School）管理實務學教授林達．葛瑞騰（Lynda Gratton）《一百歲的人生戰略》（*The 100-Year Life: Living and working in an age of longevity*）的大作裡。

這本書指出，現代人越來越長壽，「財務」不再是唯一的有形資產。為了活得更有意義，還需要**「生產資產」（如技能或評價等）**、**「活力資產」（如朋友、健康與愛情等）**與**「轉型資產」（如自我認知或人脈等）**，而這些正是商業人士最不可或缺的。

當你被工作壓得喘不過氣的時候，不妨列出自己的人生資產，並安排計

14　不被別人打亂計畫的 5 個資產

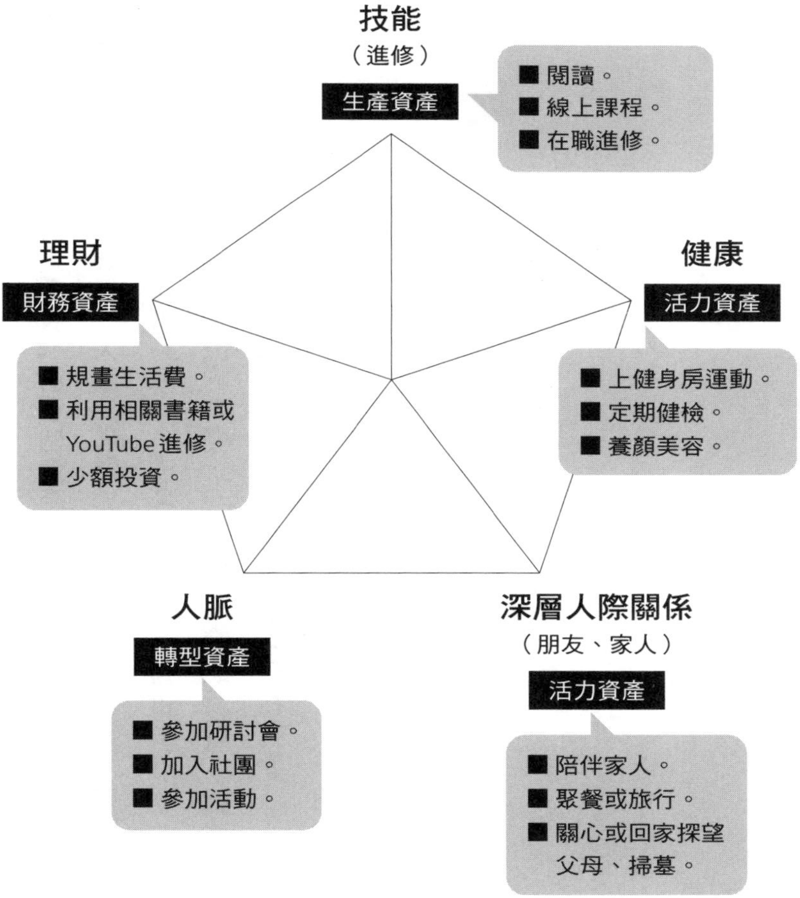
技能
（進修）
生產資產
■ 閱讀。
■ 線上課程。
■ 在職進修。
理財
財務資產
■ 規畫生活費。
■ 利用相關書籍或 YouTube 進修。
■ 少額投資。
健康
活力資產
■ 上健身房運動。
■ 定期健檢。
■ 養顏美容。
人脈
轉型資產
■ 參加研討會。
■ 加入社團。
■ 參加活動。
深層人際關係
（朋友、家人）
活力資產
■ 陪伴家人。
■ 聚餐或旅行。
■ 關心或回家探望父母、掃墓。

畫行程。**具體而言，可依上頁圖表14的五個資產，思考如何充實自己，分別是：技能、健康、深層人際關係、人脈、理財**。當然，人生的投資不可能一蹴而得，而是歷經十年、二十年方能見效，因此請務必儘早規畫。

對我來說，充實自己與家人相處的時間，一直是最重要的投資。因此，我的行程表從來不缺這兩塊。時至現今，年過半百的我依舊保持初衷。

15 無法立刻回覆的事，先給對方期限

你也曾經對做決策或給回饋感到苦惱嗎？拿不定主意的時候，尤其一個頭兩個大。

有時是因為自己沒有決定權，有時則是自己不想承擔責任。話雖如此，如果一直等不到回覆，對方又何嘗沒有壓力？

這個時候，其實**你只要主動說明何時回覆即可**。

例如：「好的，我查一下資料再跟您回報。週五前回覆ＯＫ嗎？」如此一來，不僅不會讓對方苦等，也能替自己爭取思考的時間。

換句話說，此時的重點，在於**明確告知回覆日期，而不是用「我會再回覆您」來含糊帶過**。

15　無法立即回覆，就說「收到了」

NG

OK

16 瑣事不立刻做，就會加班

懂得適時放下手邊的工作，也是省時術的關鍵之一。比方說，如果工作可以在五分鐘內搞定，最好在當下就立刻處理，以免消耗體力與時間。

例如：收發郵件、調整時間或者預約會議室等日常業務，都不應該一拖再拖。因為這些繁瑣的業務，一旦累積下來，就會成為加班的溫床。

反之，不論是E-mail、報告或資料的調查等，只要立即處理，根本花不了多少時間。

除此之外，即便是十分鐘的業務，也要想辦法在五分鐘以內完成。

舉例而言，報告要簡潔有力、直接套用過去的資料，或者利用回覆期限爭取時間等。換句話說，就是盡可能的化繁為簡，提高工作效率。

16 瑣碎工作要立刻處理

17 從擺爛到高效，我靠正念冥想

休假後或者睡眠不足的時候，明明手上有一大堆工作，卻力不從心。此時與其勉強自己，不如放鬆一下，再替自己提振士氣（psyching up；由日本東海大學體育系教授、運動心理學專家高妻容一提出，他認為放鬆和提振士氣同樣重要）。

這個方法在體育界也行之有年，例如有些運動員在上場前，會戴著耳機暖身。方法很簡單，只需以下四個步驟：

步驟 1：慢慢的吸氣、吐氣。

步驟 2：透過音樂，調適情緒。

17 提振士氣的冥想法

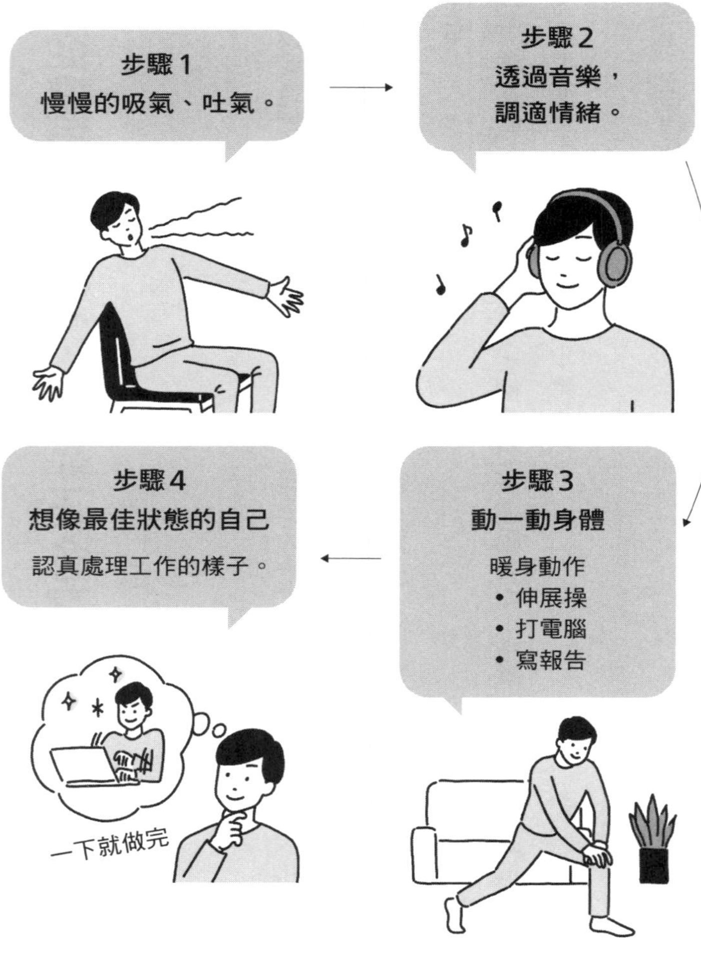
步驟1
慢慢的吸氣、吐氣。
步驟2
透過音樂，
調適情緒。
步驟3
動一動身體
暖身動作
• 伸展操
• 打電腦
• 寫報告
步驟4
想像最佳狀態的自己
認真處理工作的樣子。
一下就做完

步驟３：動一動身體。

步驟４：想像最佳狀態的自己。

例如：「開啟電腦後，慢慢的吸氣、吐氣，然後聽自己喜歡的音樂、收發一下E-mail，同時想像自己快速完成手上的工作」。

只需要簡單的四個步驟，便能轉換心情，提振士氣。希望各位都能找到屬於自己的方法。

18 第一時間向主管報告，是職場保命符

應該立刻報告主管嗎？還是等一下再說？相信作為部屬的你，很常會遇到這樣的狀況。

特別是遇到難以啟齒的情況，就越容易一拖再拖。事實上，即時報告才是正確做法。要是因為有所隱匿，說不定會讓事態更加一發不可收拾。以下是向上匯報的兩項鐵則：

【鐵則1】在第一時間報告（回報的內容無須完全正確）。

【鐵則2】後續匯報，以補充資訊為主。

18　壞消息，越早報告越好

我也曾有類似的經驗。事情的起因是這樣的：當時，我的手下將合約誤傳給另一家公司，但部屬卻沒有在第一時間回報，以為私下向對方道歉便能了事。老闆在得知此事之後，劈頭就對我大罵。

順帶一提，這種失誤等同洩漏公司機密，作為公司的一員，非但不能默不作聲，反而更應該要老老實實的向上呈報，並交由主管處理才對。再者，換個角度來看，為了保護自身權益，即時匯報也是職場的保命符。

19

跟上級的回報方式要因急迫程度而異

對於上班族而言，聯絡的時機和方法，有時也令人感到很困擾。

打電話，怕打擾到對方，透過網路私訊可能又有點失禮。發E-mail？也擔心對方看了不回。

其實，任何溝通都是有手段的：

例如，遇到緊急狀況時，最好是先打電話。

沒有接通的話才留言，並且同時發短訊提醒對方。

如果還是沒有回覆的話，最後再透過E-mail或私訊聯絡。

19 溝通方式因急迫性而異

回覆客戶（須先與主管確認）

↓

急迫性高

NG

優先匯報

這個時候打電話好像不太禮貌，還是發E-mail或私訊聯絡吧！

未能即時因應

OK

優先處理

立即電話聯絡

聯絡不上的話，就用電話留言或發簡訊。

為了慎重起見，再發私訊或E-mail。

即時因應

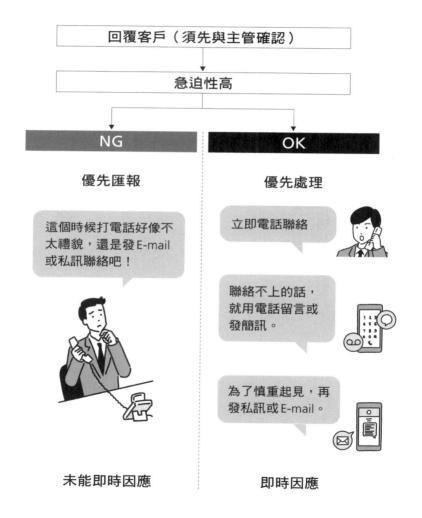

總而言之，就是以對方能否盡快回覆為優先考量。

反過來說，如果**事態並不緊急的話**，思維邏輯就得改變。換句話說，就是**以不打擾對方為原則**。例如：先發 E-mail 或私訊，接下來才是打電話。如果這樣還聯絡不到人的話，就打電話留言或發送簡訊。

唯一切忌的是，不能從自己的立場去預設對方的情況。

第 3 章

職場鐵規則：最快拿出成果的人贏

20 你不能只是看起來很努力

相信各位讀者都有過這樣的經驗，滿腔熱情的說：「好的，我一定會努力！」結果卻換來冷冷的一句：「工作不是努力就好，先做出結果再說吧！」這句話無非就是要告訴你，**與其無效努力，從結果逆向思考如何達成目標更重要**。

許多工作成績卓越的人，都懂得逆向思考的道理，這種思維也被稱為「**回溯分析法**」（Backcasting；一種未來學的研究方法，人們可根據未來的目標回溯到目前狀態，進而決定可行的措施）。

要練習逆向思考，大家不妨利用「時光機思維」（請參考左頁圖表20），這是一種從未來反推中期目標的思維方式。

20　預留時間，規畫中期目標

NG 口號式思維

缺乏具體規畫與時程

OK 時光機思維

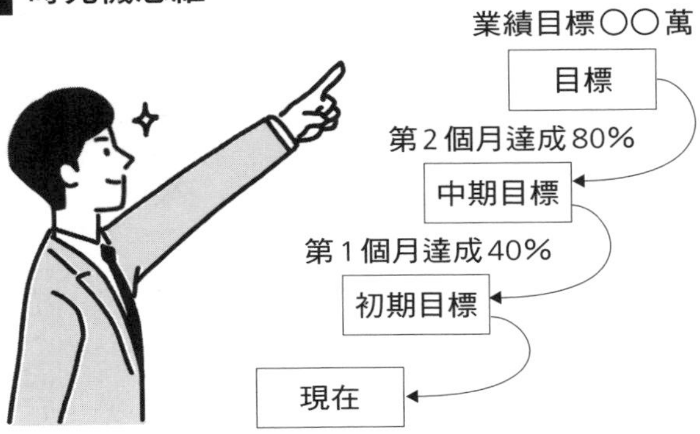

有明確的計畫表

我在跑業務的時候，經常會運用到時光機思維。假設業績必須在三個月內達標，那麼，在設定中期目標時，我會稍微預留一些時間，例如：第一個月先達成四〇％，第二個月達成八〇％。接著，再以第一個月為目標，設定每週的執行事項，最後再安排每一天的進度。

從目標逆向思考，有時反而能夠讓計畫更明確。如此一來，也能避免浪費時間。

21 決策就是，先決定不做什麼

各位聽說過「**FOCUS & DEEP**」**理論**嗎？

這是一種**在期限內得出結果**的分析手法，指的是具體決定你要專注於哪些工作。

沒錯，並不是「你可以做什麼」，而是「你決定要做什麼」。

以業務員來說，倘若一個星期要拿下三百萬日圓（按：全書日圓兌新臺幣之匯率，皆以臺灣銀行在二〇二二年十二月公告之均價〇．二二元為準，約新臺幣六十六萬元）的訂單。此時，你就可以參照下頁圖表21的步驟，透過「FOCUS & DEEP」理論擬定計畫：

21 要拿出成果，關鍵在於：決定只做哪些事

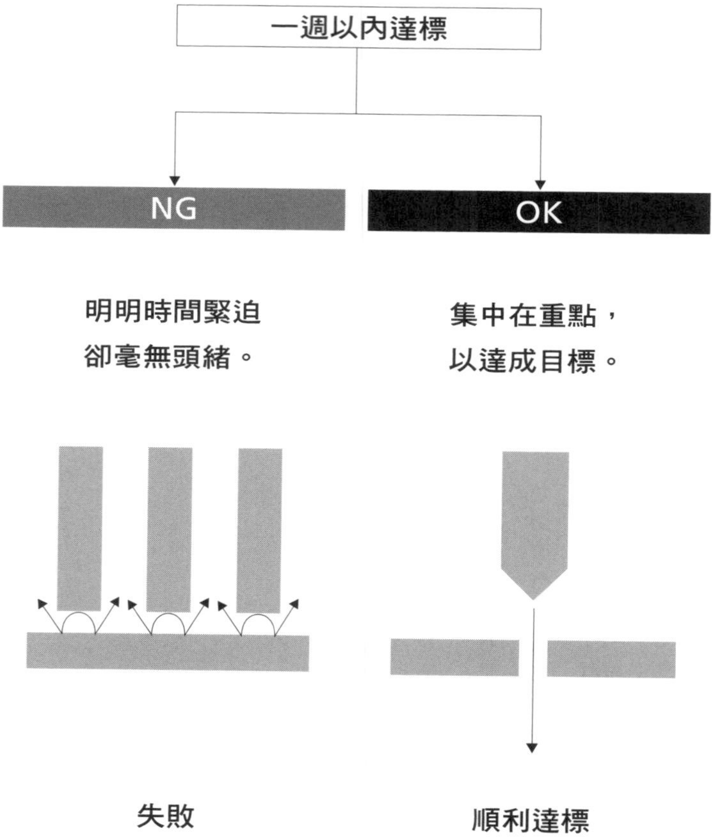

首先是FOCUS，思考要專注在哪些工作上？

其次是DEEP，決定「由誰做」、「做什麼」、「怎麼做」。

透過上述兩個步驟，便能夠刪除掉其他不必要的工作。

就如同企管策略泰斗，哈佛大學（Harvard University）商學院教授麥可・波特（Michael E. Porter）的名言：「**策略的本質是選擇不做什麼事情。**」

短時間內能做出成績的人，並非比別人更賣命或努力，而是知道不用做哪些工作。

22 以量取勝，等於沒效率

接下來，讓我們進一步探討如何活用「FOCUS & DEEP」理論。以超市的試吃為例。如果只剩下三個小時就要打烊，以下兩個選項，你會如何作答？

① 加強叫賣宣傳，吸引更多客人試吃。

② 不刻意增加試吃人數，但提高試吃客的購買率。

正確答案是②。

因為想在短期內做出績效，**靠的不是「數量」，而是「效率」**。換句話

22　以量取勝，等於沒效率

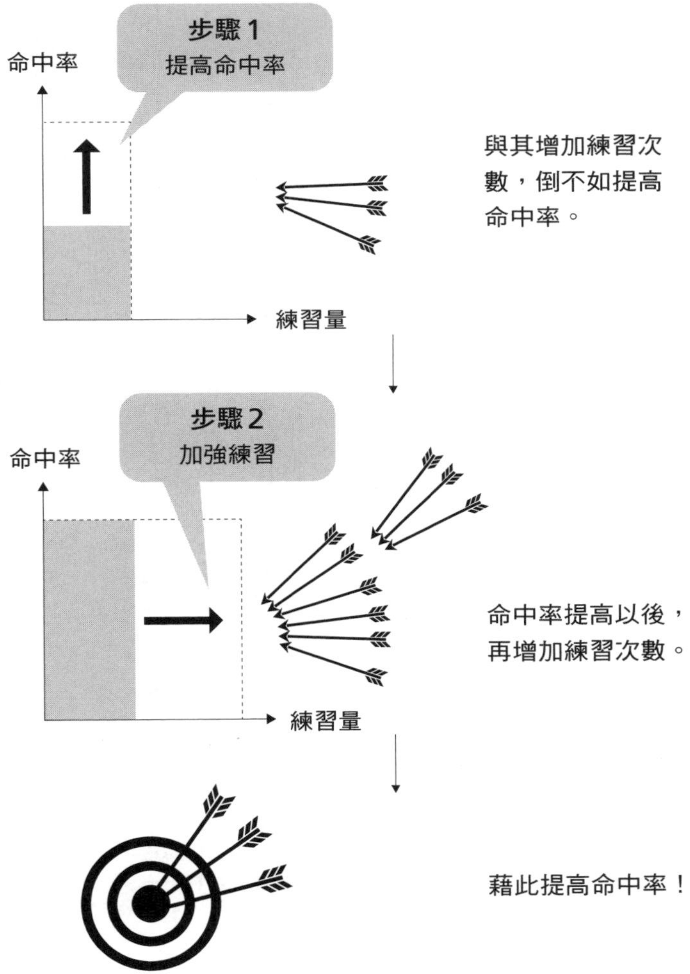

說，與其拚命努力，倒不如先想一想怎麼提高績效。

至於數量，則是在效率提升之後的目標。這就好比射擊選手，如果不得其法的話，怎麼努力都是白費功夫。

我在人力資源部的時候，之所以能在不加班的情況下，拿下全日本第一的業績，靠的不是勤跑客戶，而是**將重點放在成交率**。如果各位覺得自己明明很努力，業績卻又差強人意的話，或許正是你改變思維的最佳時機。

23 透過矩陣圖，我只做重要的工作

除此之外，我們也可以運用矩陣圖，來排除無效工作。舉例來說，假設要在一週內達成三百萬日圓的業績目標，該怎麼畫矩陣圖？

如下頁圖表23所示，你可以先以自家商品的交易金額為標準，淘汰一週金額低於三百萬日圓的客戶。

如此一來，客戶量便從兩千五百家驟降為兩百家。

當然，矩陣圖並非萬能，只能算是幫助你釐清工作思緒的巧門。例如，規畫職涯時，將進修的時間與成效用X、Y軸加以分析，便能找到未來努力的方向。

總而言之，在毫無頭緒的時候，矩陣圖實不失為簡單又便利的手法。

23 透過矩陣圖，只做重要的工作

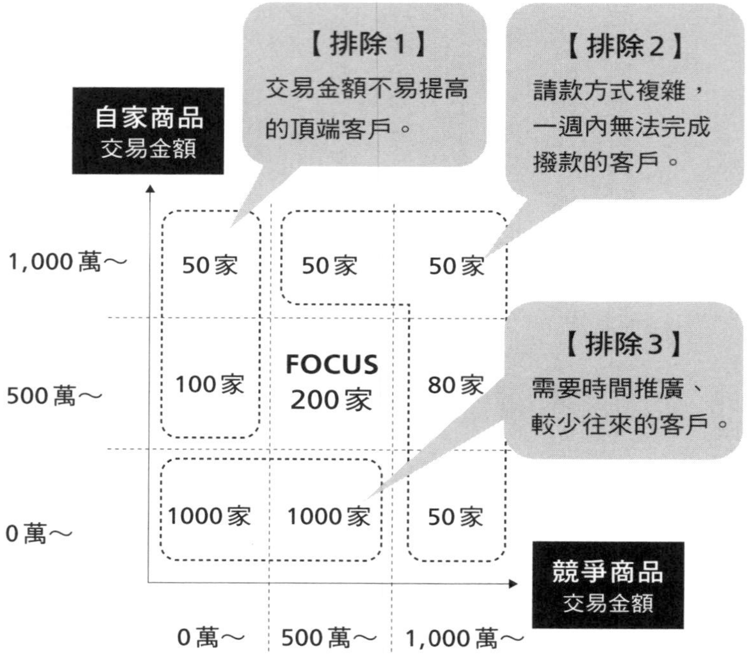
【排除1】
交易金額不易提高的頂端客戶。
【排除2】
請款方式複雜，一週內無法完成撥款的客戶。
自家商品
交易金額
1,000萬～
50家
50家
50家
500萬～
100家
FOCUS
200家
80家
【排除3】
需要時間推廣、較少往來的客戶。
0萬～
1000家
1000家
50家
競爭商品
交易金額
0萬～
500萬～
1,000萬～

單位：日圓

Tips

- 重點在於思考各種組合，而不是X軸或Y軸。
- 排除標準的設定，即使出於主觀也無所謂。

24

活路，都是從死路找出來的

接下來，我要介紹另一個「專注」（FOCUS）的方法。

那就是，請再重新檢視**機會損失**（opportunity loss，指現行方案所獲得的收益，小於已放棄方案可能獲得的潛在收益，而形成的損失），**並且隨時檢視自己是否疏忽了什麼，或是還有沒有其他選項等**。

例如，讓大阪環球影城（Universal Studios Japan，簡稱USJ）起死回生的行銷奇才森岡毅就說過[2]：

「其實，沖繩的潛力並不亞於夏威夷。如果以三個小時的航程為中心點畫圓的話，從東京、上海、香港、首爾、臺北，甚至東南亞各國，粗估至少也有兩億六千萬人的巨大商機。」（按：USJ原本計畫在沖繩建造第二座

24 從疏漏點找出活路

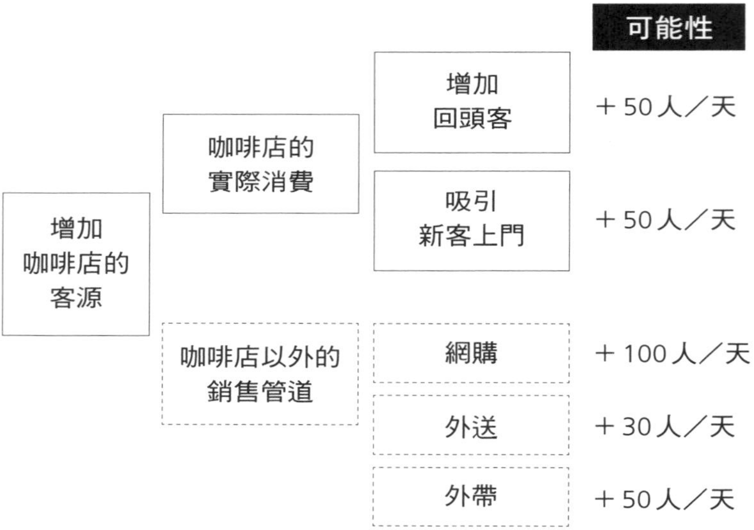
可能性
增加咖啡店的客源
咖啡店的實際消費
增加回頭客
＋50人／天
吸引新客上門
＋50人／天
咖啡店以外的銷售管道
網購
＋100人／天
外送
＋30人／天
外帶
＋50人／天

除了讓客人上門喝咖啡以外，還有其他管道嗎？
試試網購吧！

主題公園，已於二〇一六年五月宣布取消進駐沖繩。）

他的這番話就是「機會損失」最好的示範，而這也是ＵＳＪ受到大眾歡迎的致勝關鍵所在。

接著，讓我們來看看右頁的案例，這家咖啡店為了要增加客源，因此透過列出其他的可能性（虛線框內），找到更多的銷售通路。

在職場上，也是如此。當你遇到撞牆期的時候，請務必思考工作中的「機會損失」，或許就能找到讓你翻身的機會。

25 什麼都想贏，你就會輸

接下來讓我們探討何謂深度（DEEP）。要擁有深度工作力，需要持續的耐心與毅力，就如同在鐵板上打洞一樣，拿起電鑽在一個點上用力的鑽，直到穿透為止。

換句話說，**一旦你決定好目標，就要貫徹到底並確實拿出成果，中間不容許任何動搖或三心二意**。

還記得，我剛開始跑業務的時候，什麼都想一把抓，累得半死不說，還做不出績效。後來，還是主管的一句話：「先想想看，你比別人贏在哪裡！」於是，我才開始觀察拜訪客戶的時機、商談對象、業務的工具或商談的類型等。

25　瞎忙之前，先思考：你比別人贏在哪裡？

深度（DEEP，徹底落實）

NG	OK
像無頭蒼蠅般，做事毫無章法。	事先籌謀勝算，提高工作效率。

成功案例

- 上午拜訪A、B、C公司。
- 商談模式：
  A公司〇〇
  B公司△△
  ……

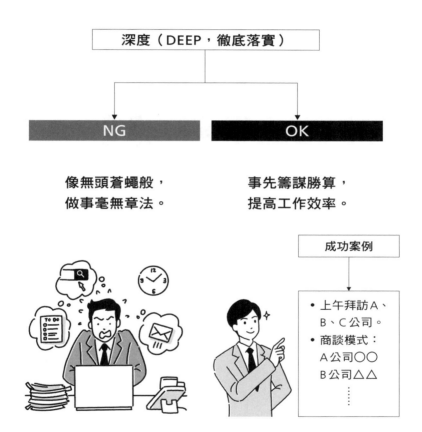

成功並沒有所謂的正解，只能靠著過去的成功案例，或者從頂尖業務員的訪談中，吸取經驗。我就是這樣**摸索出屬於自己的業務方法，同時將新客戶的開發率提高十倍**。

明明比別人賣力，表現卻又差強人意的時候，切忌什麼都想一把抓、盲目努力，而是靜下心來，想一想如何布局才有勝算。

26 一個好決策，至少有三個選項

在做決策的時候，總不免參考其他人的成功模式，或者依循慣例，但這其實是最NG的思維。

因為，「此一時，彼一時」，任何你想模仿的對象或成功案例，並不一定適用於當下的狀況。最正確的做法是，**從幾個選項中，選擇最佳方案**。

換句話說，在研擬具體對策以前，必須先鎖定課題。因為課題就是成功的關鍵。掌握關鍵以後，自然能夠**從不同的對策中評估出最佳方案**，**如此才是萬無一失的作業模式**。

在思考解決方案或想要提升績效的時候，不妨參考下頁圖表26，列出各種選項。

26 評估各種方案，做出最佳決策

步驟 1
鎖定課題，
以便解決問題

問題：營業額成長停滯
課題（成功關鍵）：
200 家客戶推廣〇〇業務方案

步驟 2
條列對策

步驟 3
決定評估項目

步驟 4
評估並決定

	200 家客戶	效果	可行性	成本	合計	
A 方案	針對經營者	3	2	1	**6**	← 決議方案
B 方案	針對主管	2	2	1	**5**	
C 方案	針對負責窗口	2	2	1	**4**	

＊3 分代表滿分。

Tips

- 想不出選項時，可向主管或同事尋求助力。
- 效果、可行性與成本（費用或人力）為基本評估項目。

＊鎖定課題，更能事半功倍。

27 做不了決定，先寫評估標準

做出最佳決策前，必須先有選項。那麼，我們又該用哪些標準來評估選項？請參考以下三種類型：

①效果（成效的多寡）。
②可行性（能否在期限內完成）。
③成本（預算或時間、人力等）。

除此之外，法規或經營方針等也是評估標準之一。

事實上，如果只有列出選項，並不一定利於決策，往往還必須建立評估

27　建立標準，才不會做錯決策

NG

怎麼辦？
還是問一問大家
的意見吧！
B
方案
A
方案
C
方案
哪個方案
比較好？

OK

當然是B方案，
因為評估分數最高。
A
方案
C
方案
B
方案

標準。

因此，**越是無法決策的時候，越應該訂定一套評估標準**。就我自己而言，從來都是就事論事，以「該做哪些事」來建立評估標準，並且從中取捨。如果各位也經常猶豫不決，那麼確立評估選項就是最好的作業標準。

28 上班族也能用的內部精實創業

很多事情做了才會知道結果，但在執行之前，應該很多人都遇過飽受質疑的情況吧！尤其是面對各種意見時，往往很難拿定主意。遇到這種情況，不妨嘗試「精實創業」（Lean Start-up）。也就是**在沒有風險下，透過實驗找出勝利方程式**。

精實創業是美國實業家艾瑞克・萊斯（Eric Ries）所提倡的概念，不少企業都用這套概念，在短期內達到業務推廣的成效。

這個概念的重點在於，不浪費時間在構思上，而是透過小實驗直接落實創意、想法：

28　實驗結果，就是最好的證明

矽谷盛行的
精實創業

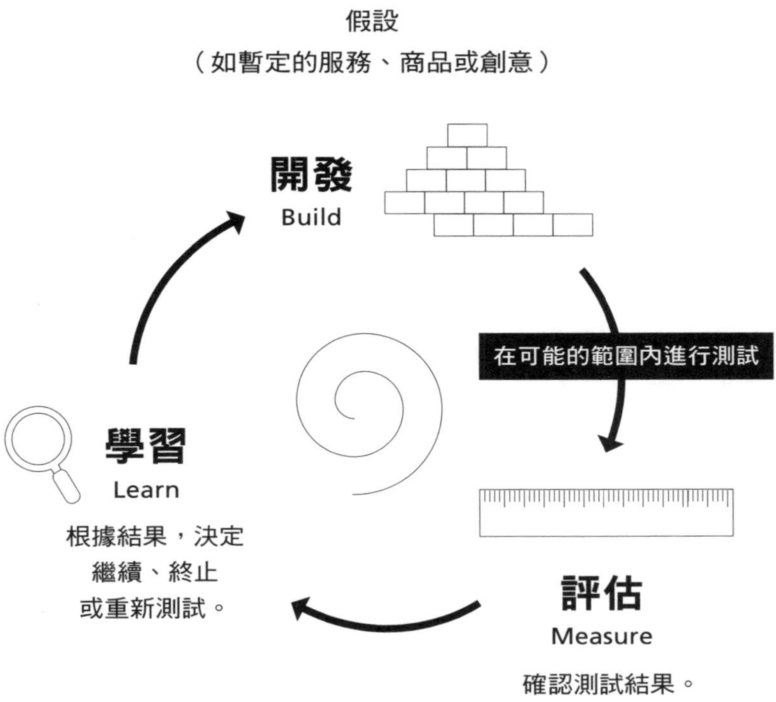
假設
（如暫定的服務、商品或創意）
開發
Build
在可能的範圍內進行測試
評估
Measure
確認測試結果。
學習
Learn
根據結果，決定
繼續、終止
或重新測試。

- 一有點子，就做一個小實驗。
- 確認測試結果。
- 根據結果，決定繼續、終止或重新測試。

如果是全新的概念或做法，周遭難免出現反對聲浪。此時，不妨利用精實創業的方法，說服他人並穩定軍心。

29 工作也得斷捨離

前面我們已經了解如何在最短的時間內，決定該做哪些事，以提高工作績效。

決定工作內容以後，接下來就是執行。

首先，要將空轉的時間、無效工作最小化，一定要有以下三點認知：

① 減少準備工作

例如，寫企劃，直接套用共同格式。

② 減少開會或討論的次數

利用線上、電郵或電話溝通等。

29 減少多餘的工作，才能提高績效

NG

一週開8次會的話，做資料至少需要3個小時

OK

心無旁騖的全力衝刺

整合作業程序。

③ 掌握一次做到位的原則

關鍵就是上述三點原則。雖然這些都在ＥＣＲＳ分析法中提過，但我希望各位務必徹底落實。就算有些工作不得不去做，但我相信，只要努力將工作內容精簡再精簡，一定可以在最短時間內顯現績效。

30 創意的捷徑：「這樣調整一下會怎樣？」

在發想企劃階段時，你是否也經常苦無靈感呢？我認為，**創意的捷徑就是養成「這樣調整一下會怎樣？」的思考習慣**。

事實上，所謂的創意絕非偶然，而是必然下的產物。例如美國傳奇廣告大師楊傑美（James Webb Young）在《創意，從無到有》（*A Technique for Producing Ideas*）便提出解答。概括的說，創意的本質為以下兩點：

①所謂創意，就是既有要素的重新組合。

②找出事物的關聯性。

30　創意，不是想出來的

NG

在辦公桌前，不知如何是好

OK

懂得多方思考，讓創意源源不絕

以我個人為例。有一次，我受命負責福委會的活動。當時，因為我覺得露營很適合，於是便大膽提議：「營造露營的氛圍如何？比方說，讓大家帶著手電筒在大會議室裡，享受一下野炊的樂趣。」沒想到主管還真的拍板定案。最重要的是，那場活動辦得很成功。因此，養成多方思考的習慣，絕對是創意的捷徑。

31 最快的學習法：教會別人

俗話說：「書中自有黃金屋。」不過，這是在融會貫通的情況下，倘若讀過就忘的話，一點意義也沒有。我知道有些人會憤憤不平的想：「怎麼會？我可是每天都很認真在做筆記。」問題是如果從來都不看，這些筆記有寫跟沒寫一樣。

與其浪費時間做無謂的努力，倒不如採用來自美國緬因州的國家訓練實驗室（National Training Laboratories，簡稱ＮＴＬ）提倡的「學習金字塔」（Learning Pyramid）：

① 將自己所學教導給別人。

31 除了閱讀，你還要會教人

學習金字塔
（學習保持率）

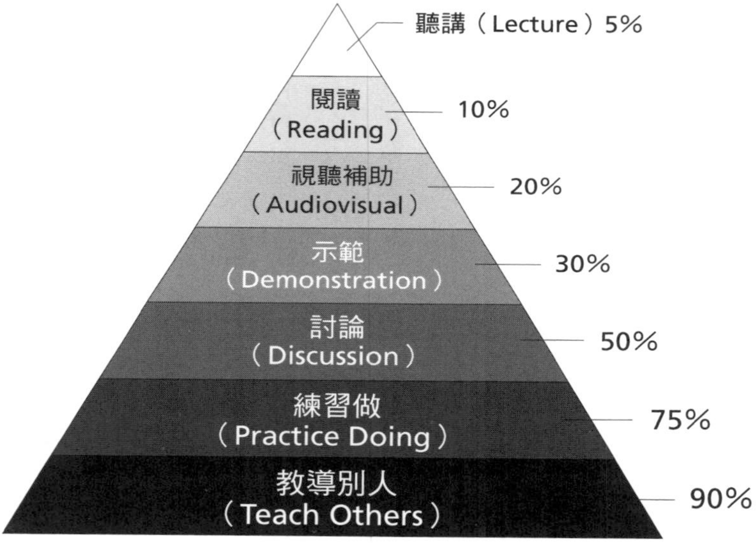
聽講（Lecture）5%
閱讀
（Reading）
10%
視聽補助
（Audiovisual）
20%
示範
（Demonstration）
30%
討論
（Discussion）
50%
練習做
（Practice Doing）
75%
教導別人
（Teach Others）
90%

Tips

- 與同事分享。
- 透過網路分享。
- 多加自我練習，以便不時之需。

②實際體驗自己曾經學過的知識。

在金字塔學習法，最有效的方法是「教會別人」，其次是「體驗」。相信不少人都會瞠目結舌的想：「第一個方法是教會別人？」事實上，當你在教導別人的時候，透過整理思緒，也能加深自己的學習記憶。因此，請盡可能的與同事分享，或彙整成果，以便隨時分享。

32 空檔時間，你都做些什麼？

一個人有沒有時間概念，從空檔時間的運用，便能窺知一二。比方說，排隊、搭車，或者拜訪客戶等待的時候，你是好好運用機會，**還是滑滑手機打發時間？日積月累下來，這對於工作績效絕對天差地別**。

有一次，我因為突發狀況在機場足足等了兩個小時。但我發現，同樣都是排隊，每個人運用時間的方式都不一樣。例如，有人上網或者玩遊戲，也有人瀏覽新聞等，我同行的朋友則是利用空檔看書。在飛機起飛以前，我也讀完了一本書，甚至還有時間用手機做筆記。

然而，各位可別以為閱讀是消耗時間的唯一方法，運動也是不錯的選擇。**重點在於：每次都做一點點**。

32　空檔的利用，決定人生成敗

等電車的時間（5分鐘）

NG	OK
消耗時間	有效利用

NG：消耗時間

①毫無意義的上網或看影片。
②玩遊戲。
③發呆。

OK：有效利用

①確認電郵。
②查看新聞。
③蒐集資訊。
④閱讀。
⑤考證照或參加研習。
⑥確認行程表。
⑦做腹部運動等。

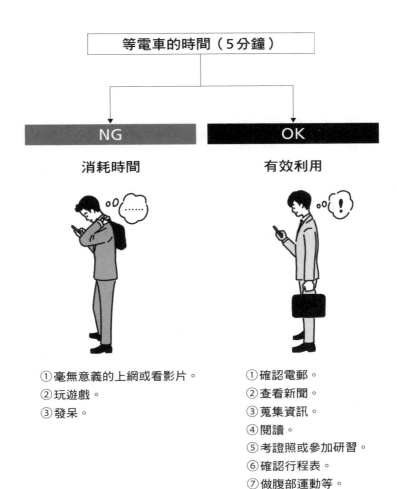

33 高效人士這樣活用一分鐘空檔

接下來，讓我介紹一下利用空檔的妙方。

事實上，單單僅有一分鐘，你能夠做的事可多了。

首先，請先看左頁圖表33，這是我個人的獨家方法。只要按照步驟去做，便能扭轉你對空檔既有的概念與認知。

零碎的時間實際運用起來，其實還滿有效率的。例如，我就習慣在開會、等電車或電梯的空檔，透過手機收發電郵或瀏覽新聞。利用這些時間，我的績效也有突飛猛進的成長。

除此之外，最好**預先設想好要做哪些事，一旦出現空檔時，就不會因為毫無頭緒而白白浪費掉**。

33 預先設定好空檔行程，就能避免浪費時間

【一分鐘的有效利用】
□利用手機語音，回覆電郵。
□利用手機語音，撰寫企劃案或報告的草稿。
□確認行程或電郵。
□瀏覽新聞或蒐集資料。

【五分鐘的有效利用】
□收發電郵或電話溝通。
□簡單的事前溝通。
□整理房間或書桌。
□上網訂購物品。
□預訂會議室、餐廳或車票等。

【十分鐘的有效利用】
□電腦作業（文書報告等）。
□討論（線上、電話或面對面會議等）。

第 4 章

省時來自專注，大人比小孩更需要

34 一直分心，難怪你時間不夠用

請各位回想一下，一個星期當中，有幾天可以如期完成工作呢？

我想，沒有人會故意讓工作進度落後，很多時候多半也是受到外在因素的干擾，但不可否認的是，人難免都會偷懶。

最明顯例子就是，到了下班時刻，工作卻做不完，很多人都會直接將原因歸咎於時間不夠用，但事實上，**能否提高專注力，才是確保工作順利進行的必備條件**。在這一章，我將針對專注力分享心得與技巧。

首先是戒掉會浪費時間的作業。例如：查詢根本用不到的資料、拘泥於企劃案的版面等。

尤其是現在遠距工作或時差出勤（錯開時間上班）盛行，在沒有人看到

34　目標與實際執行的落差

現實	理想
差強人意的表現	預期的工作表現
• 不自覺的準備不必要的資料。 ←	• 20鐘內備妥資料。
• 不自覺的接手別人的工作。 ←	• 下班前完成手上工作。
• 不自覺的滑手機。 ←	• 不看手機，專心工作。

認清理想與現實的差距，
才是集中注意力的第一步！

的地方，專注力更是不可或缺。

第二個是，隨時檢視目標與實際執行是否有所落差。當我們能夠清楚意識到「理想中的自己」與「實際上的自己」，並藉此自我鞭策，正是提升專注力的第一步。

35 注意力控管，大人比小孩更需要

為了維持專注力，我們還需要注意力管理（Attention Management）這項職場技能。

注意力控管是由IT（資訊科技）界的管理權威湯馬斯・H・戴文波特（Thomas H. Davenport）所提倡，教大家如何不被瑣事影響，將當下注意力發揮到最大的手法。對於資訊氾濫的現今，可說是職場必備的技能之一。

只要懂得管理注意力，在任何情況下都能維持專注力。一旦熟練以後，更能專注於重要的工作項目，並將專注力發揮到最大。話說回來，如何集中精神？其實很簡單，只需要以下三個步驟：

35 首先，找出你分心的原因

NG

唉，居家上班
很難集中精神。

只看結果

OK

步驟 1
找出分散注意力的因素

→ 房間亂七八糟，無法集中精神。

步驟 2
排除分散注意力的因素

→ 整理房間。

步驟 3
學習提高專注力的技巧

→ 在整潔的室內工作。

透過注意力管理，就能專心工作

步驟1：找出分散注意力的因素。

步驟2：排除分散注意力的因素。

步驟3：學習提高專注力的技巧。

然而，步驟雖然簡單，實際操作卻需要一些技巧。

接下來，我將分享如何排除分心與提高專注力的方法。

36

手機放桌上，人就會忍不住分心

對於手機成癮症的人來說，提升注意力的第一步，就是將手機放到自己觸碰不到的地方，例如其他房間。

或許有人會不以為然，但事實上，這可是有憑有據的。美國德克薩斯大學奧斯汀分校（University of Texas at Austin）的心理學家教授阿德里安・沃德（Adrian Ward），為了測試手機對於人類智能的影響[3]，找了八百位手機用戶來做實驗。他將這些人分成三組，並將實驗者的手機分別放在其他房間、身上的口袋與桌上。結果發現，**最容易讓人分散注意力的，就是手機放在桌上的那一組**。

換句話說，只要手機觸目可及，就容易分散精神，影響注意力。

36　遠離手機的 3 種妙方

將手機保管於其他房間

將手機放到自己觸摸不到的地方。

將App放在資料夾內

退而求其次，將常用的App收在資料夾內。

利用禁欲盒，斷絕一切雜念

最後的殺手鐧，利用禁欲盒，設定開鎖時間。

當然，將手機放到自己看不到、摸不著的地方有點難度。以我來說的話，我會將自己常用的App放在不同的資料夾（上頁圖表36）。這種做法比較麻煩，不過越是麻煩，就越不容易拿起手機。

如果成效仍然不彰的話，可以**使出禁欲盒**（Time Locking Container）的殺手鐧。直白的說，就是將手機放到盒子裡，設定開啟時間，然後上鎖。老實說，這是最簡單又毫無疑慮的做法。大家可視自己的情況，選擇最合適的方法。

37 沒有截止期限，待辦事項等於寫好看的

在某一項工作上，不知不覺浪費過多的時間與精力，你是否也有這樣的習慣？其實，這個問題並不難解決，只要**事先設定限制時間**即可。

針對每一項作業設定期限，將能有效**提高專注力**，這是由日本腦科學專家茂木健一郎所提出，一種用來鍛鍊大腦的方法。

這裡的期限，也就是《帕金森定律》（*Parkinson's Law*）一書中所提到的死線（Deadline〔按：指人會有惰性，因此必須設定時間限制〕）。

那麼，該怎麼做？比方說，我們可以**利用待辦清單，規定每一項工作的作業時間**。

但是，決定要花多少時間也很麻煩吧？此時，不妨利用《帕金森定律》

37　待辦清單，也要限制時間

NG　完成期限：不明

- 撰寫企劃案
- 準備明天的工作
- 上網查詢

↓

拖延到最後，
反而影響工作績效。
（《帕金森定律》）

嗯，這個地方不行，
再改改吧！

OK　完成期限：依任務而定

- 撰寫企劃案30分鐘
- 第2天的準備10分鐘
- 上網查詢10分鐘

↓

利用時間壓力，
提高工作績效。

嗯，還有5分鐘，
總結一下吧！

曾提到的：「工作總會填滿它可用的完成時間。」

上述這句話是指，只要還有時間，大家自然會習慣性的拖延，進而影響工作績效及進度。因此，才需要利用待辦清單，再加上期限，來杜絕人類的惰性。

38 番茄工作法：二十五分鐘，打造最強專注力

休息能夠幫助我們維持專注力——這是東京大學著名腦科學教授池谷裕二的研究。他發現，**一旦維持專注超過四十分鐘，控管人類注意力的伽馬波（Gamma ware）便會急速下降**[4]。

問題是現實生活中，幾乎很難每四十分鐘就休息一下。

不過，風靡全球，由義大利知名創業家法蘭西斯科・西里洛（Francesco Cirillo）提出來的番茄工作法（Pomodoro Technique）已被證實，人們能有效透過休息時間的控管，打造最強專注力。

它的理論其實很簡單，就是利用義大利家庭常見的計時器幫助時間管理。例如集中精神工作二十五分鐘，休息五分鐘，接著集中精神工作二十五

38　不休息，反而影響工作效率

①
條列待辦事項。

②
工作25分鐘。

③
休息5分鐘。

④
② 與 ③ 重複4次以後，休息20分鐘到30分鐘。

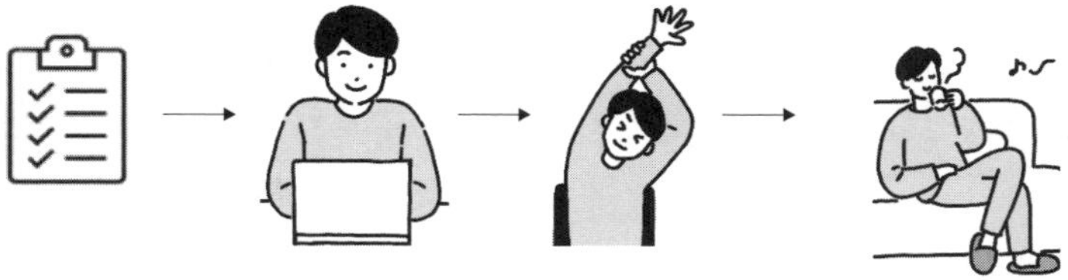

每工作25分鐘，就休息5分鐘

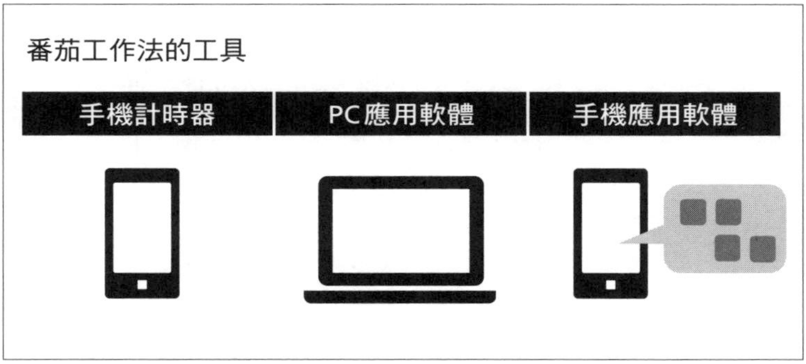

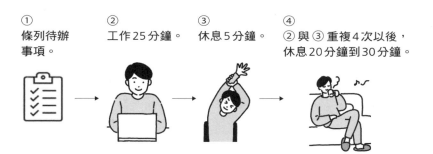

分鐘，再休息五分鐘。重複四次以後，再藉由休息二十分鐘到三十分鐘，來緩衝情緒。

如此一來，不論工作時間多長，都能維持注意力，專心工作。

最近，手機也推出了不少番茄工作法的應用程式，各位不妨試看看。

39 周圍稍微吵雜，精神更集中

相信各位都聽說過「環境會影響注意力」的說法，但怎麼樣的環境，才能提升注意力？

經實驗證明，如果是自己熟悉的作業，在**周圍有人、稍微吵雜的環境下**，反而能使精神更為集中。這也就是心理學的社會助長（Social facilitation theory）理論。另一方面，**不熟悉或需要思考的作業，就應該選擇安靜的環境，專心工作**。事實上，我就非常在意工作環境。

例如，如果是寫作，我習慣播放音樂，避免過於沉悶。但是分析數據的時候，卻又不容許一點雜音，深怕影響思考。因此，當你發覺自己無法集中精神的時候，不妨改變一下工作環境。

39 工作環境與注意力的影響

需要思考的工作

選擇安靜、不受打擾的環境

熟悉的工作

選擇稍微吵雜的環境

40
找一把符合人體工學的椅子

居家辦公看起來比辦公室輕鬆自在，但有時反而容易疲勞。

事實上，日本文具第一品牌的國譽（KOKUYO）在二〇一九年曾針對六千一百七十八位上班族進行調查。結果顯示，有九〇%的受訪者表示，在工作中時常感到身體狀況不佳，進而影響專注力。同時，經實驗證明，這些不適都與坐姿不良有關[5]。

由此可知，正確的坐姿不僅有助於提升專注力，身體也不容易疲憊。

因此，對於上班族來說，**為了維持正確的坐姿，一把符合人體工學的座椅絕對是必備工具**。有些人居家辦公會坐在沙發上，甚至窩在床上打電腦，精神當然無法集中。以我來說，我平常工作常跑的地方，都對辦公座椅特別

40　正確的坐姿，才能提升專注力

坐姿對於專注力的影響

NG	OK

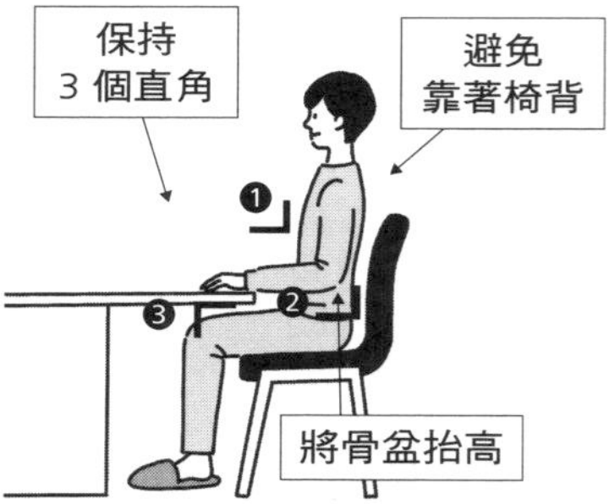
保持
3 個直角
避免
靠著椅背
❶
❷
❸
將骨盆抬高

輕鬆的坐姿

↓

容易疲勞
注意力不集中

3 個直角的坐姿

↓

利用靠墊或調整座椅高度，
維持正確坐姿
（我愛用的座椅）

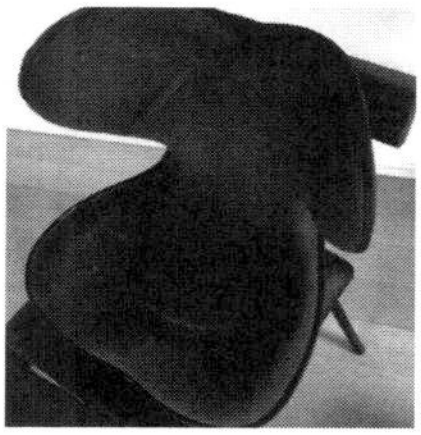

講究。

我也曾坐過材質較硬的座椅，或是直接在地板上盤腿工作，結果把自己搞得腰痠背痛。但是，自從我換了辦公座椅以後，不僅減輕了腰痠背痛的症狀，注意力也明顯集中許多。如果各位也總覺得身體這裡痛、那裡痠的話，不妨選擇一把適合自己的座椅或靠墊。

41 最強集中力：心流狀態

各位是否也常想：如果可以一直都很有精神該有多好啊！事實上，只要懂得進入心流（Flow）狀態，不論何時何地，都能夠集中精神的專注工作。

所謂**心流，是指高度集中、全心全意投入一項活動的精神狀態**。這是美國心理學家米哈里・契克森米哈伊（Mihaly Csikszentmihalyi）所提倡的心理學概念。

當你進入心流狀態時，能將專注力發揮至極限，甚至達到忘我的最高境界。以下為進入心流狀態的兩個條件：

①富有挑戰性的事物。

41　心流狀態的兩大條件

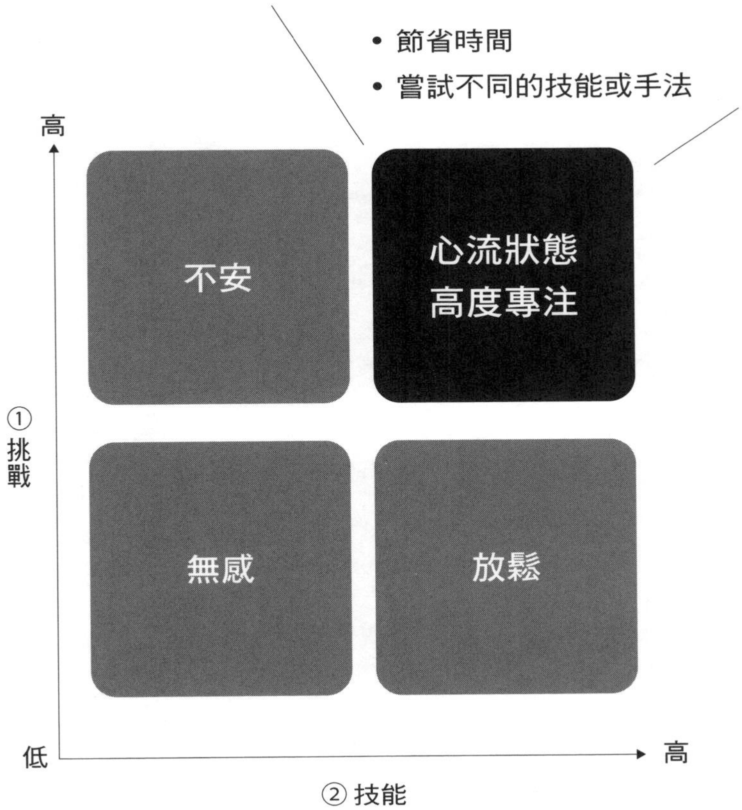

②具備一定的技能。

只要滿足以上兩點，便能很快的進入心流狀態。即便是例行性工作，只需要撥出一半的時間，或者嘗試不同的作業模式，都能有效提高工作效率，並且讓自己隨時處於精神抖擻的狀態。

42 「TKK法則」，再無聊的工作也能秒殺

最後要與各位分享的是，面對無聊的工作，也能維持專注力的「TKK法則」。

這是我在另一本書《堅持力：成功的人贏在永不放棄的勇氣》中提出的概念，當時還受到不少媒體的採訪與報導。我相信這個法則絕對適用於大多數的上班族，不論是較為困難或例行性工作，都能夠快速提升你的專注力。

以下為三要點：

T（Tanoshii）：維持愉悅的心情（加入個人的創意或聽音樂等）。

K（Kantan）：簡化作業流程（刪減程序或選項）。

42 TKK 法則

T 維持愉悅的心情

保持愉快的心情

- 將工作視為打怪遊戲。
- 大家一起合作。
- 加入創意。

K 簡化作業流程

刪減程序或選項

- 無須事前準備。
- 統一內容的格式，避免浪費時間。

K 確認工作成效

進度的法則：
有明顯的進步，就能提振士氣

- 將進度視覺化。
（如記錄數字的變化等）

K（Kouka）：確認工作成效（將進度視覺化）。

除此之外，TKK法則也能有效預防工作上的虎頭蛇尾，各位不妨嘗試看看。就像打電玩一樣，規定自己幾分鐘內完成手上的工作，然後嘗試各種方法更新紀錄、努力過關。

如此一來，即便是例行性工作，你也能夠專心投入。

第 5 章

一次就過關的省時寫作技巧

43

秒速技！不寫，用「唸」的

你每天花費多少時間回覆E-mail呢？根據日本一般社團法人商業電郵協會二〇二一年的調查結果顯示，上班族平均每天花費八十一分鐘回覆電子郵件。以一天上班八小時來算的話，占比並不算少。不過，別擔心。只要掌握技巧，就能夠省下不少處理電郵的時間。

各位聽說過語音輸入嗎？沒錯，我所謂的技巧，就是**利用手機的語音輸入節省打字的時間**（例如iPhone的Siri）。幾乎所有的手機都有語音輸入，也就是說，只要一機在手，便能輕鬆應用。

比方說，開啟語音功能，對著手機說：「〇〇您好 換行 平時承蒙您的照顧 逗號 我是伊庭正康 逗號 您傳來的資料已確認 句號」等，就能輕輕鬆鬆

43　語音輸入，秒速回覆電郵

即便是等電車或紅綠燈的30秒空檔，
只要透過語音，便能輕鬆回覆電郵。

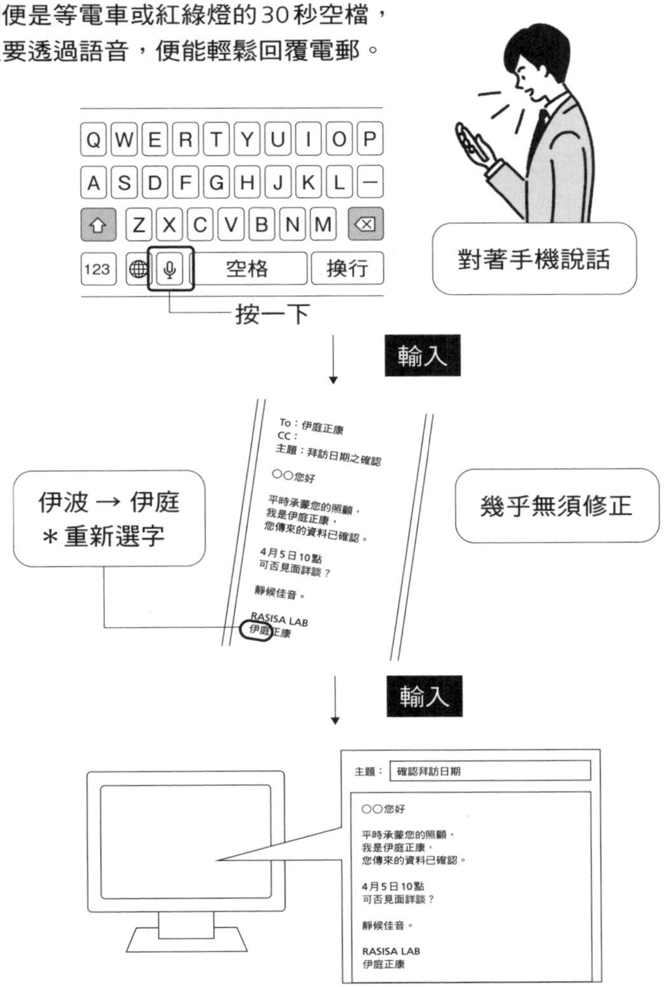

的轉換成文字檔，而且幾乎沒有錯字。即便出現錯漏字，只要重新選字，點擊傳送鍵就能立刻發出電郵。

在等待開會的空檔，也能立即回覆兩、三封電郵。而且，因為手機和電腦可以同步更新，所以回到公司以後，也不必再另外處理。這就是語音輸入的便利之處。

語音輸入雖然是上班族的利器，唯有一點請各位特別注意，那就是在車站等公共場合中，請盡量壓低聲量，以免影響到別人。

44 一張圖表，讓你少寫十行廢文

即便我們都知道，簡單扼要是電子郵件的基本原則，但很多時候真的很難做到，相信各位都有過這樣的困擾。

其實，這也是有小撇步的，那就是在郵件中插入圖表。不僅可以節省自己的作業時間，對方也樂得輕鬆。

方法很簡單，假設是Windows 10以上的作業系統，同時按下「Shift＋Windows鍵＋S」，便能立即截圖；Mac作業系統的話，同時按下「Shift＋Command＋4」，便能截取部分畫面。

總而言之，對於什麼都講求速度的時代，**回覆電郵不再僅限於文字**。相信各位只要實際嘗試，必能節省出不少作業時間。

44　一張圖，比文章更好讀

〇〇您好

平時承蒙您的照顧，我是 RASISA LAB 的伊庭正康。
上次拜訪時，跟您介紹過矽谷盛行的精實創業模式。

基本架構如下圖所示：

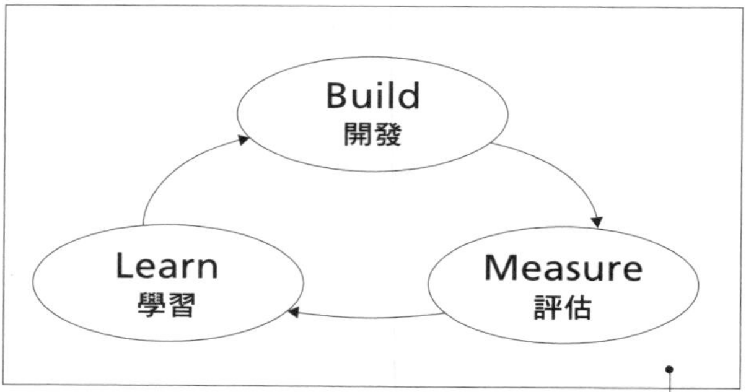
Build
開發
Measure
評估
Learn
學習

年平均 200 場培訓課程，回流率高達 95%
RASISA LAB 伊庭正康

將圖示直接貼在郵件上

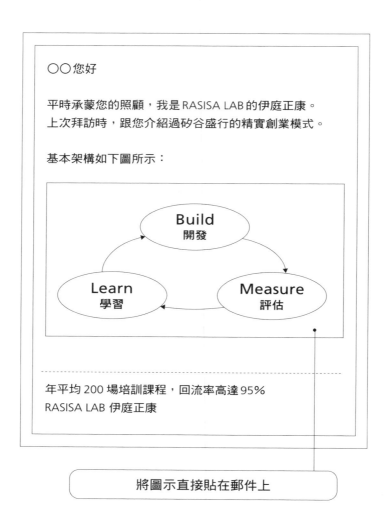

45 使用者造詞，一鍵就完成

不知道你是否也是「使用者造詞」的愛用者？我相信有用過此項功能的人，一定知道這有多方便。例如電子郵件中開頭常用的：「平時承蒙您的照顧，我是〇〇公司的某某某。」只要一個按鍵，便全部搞定。

除此之外，這項功能還能自建問候語，凸顯個人的商業禮儀，讓生冷的電子郵件變得更有人情味。

例如輸入「ㄅㄞˇㄇㄤˊ」，便能切換成「百忙中打擾，謹此致歉。」又或者輸入「ㄒㄧㄣㄎㄨˇ」兩個字，便自動跳出溫馨感人的問候：「辛苦了，我是某某某，感謝您平時的幫忙與協助。」

其實，使用者造詞還有一個值得推薦的小撇步。那就是只要輸入「ㄌㄧ

45　建立問候語詞庫，一鍵就完成

自建使用者造詞

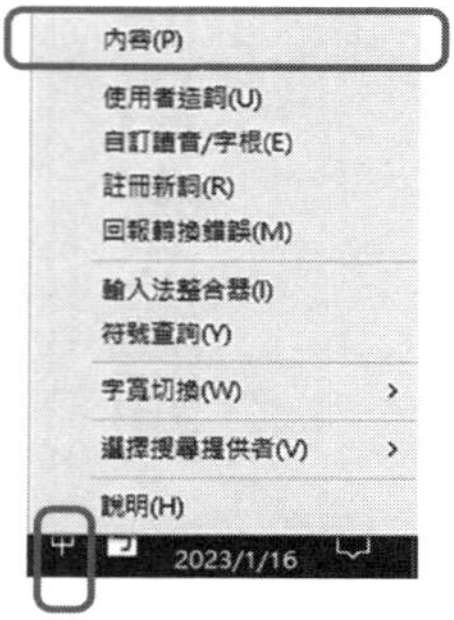

按右鍵

建立常用問候語
← Windows 作業系統畫面的右下方

問候語詞庫的自動切換

主旨：關於＊＊＊專案，請於 18：00 以前回覆

百忙中打擾，謹此致歉。

我是伊庭正康，
聯絡事項如主旨所示，細節不再另行贅述。
如有任何問題，歡迎隨時聯繫。

年平均 200 場培訓課程，回流率高達 95%
RASISA LAB 伊庭正康

ㄢˊㄌㄨㄛˋ」，便會自動切換成：「聯絡事項如主旨所示，細節不再贅述。如有任何疑問，歡迎隨時聯繫。」這個用法特別適用於公司內部，只要加上這麼一句，其他郵件細節就無須贅述。

總結來說，**節省處理電郵的時間與人力固然重要，但不忘社交禮儀也是社會人士的基本條件**。因此，請務必多加利用使用者造詞和問候語詞庫，相信不僅可以節省輸入的時間，更能一舉提升對外的個人形象。

46 用Google雲端取代附件檔案

如果你經常會用到Excel或PowerPoint的話，請一定要多加利用谷歌簡報（Google Slide）或谷歌試算表（Google Sheet）。**因為這兩種工具**除了能省去電子郵件一來一往的麻煩，**更有利於雙方協同合作**。只要習慣其使用介面用，很快就會發現其中的妙用。即便出門在外，也能透過手機輕鬆操作，真的非常便捷有效。

事實上，我在設計研習課程時，就經常與客戶共享谷歌試算表。除了一開始會先發一封E-mail，之後就幾乎都是利用谷歌的雲端硬碟的同步功能，和對方討論。

46　用雲端硬碟取代附件檔案

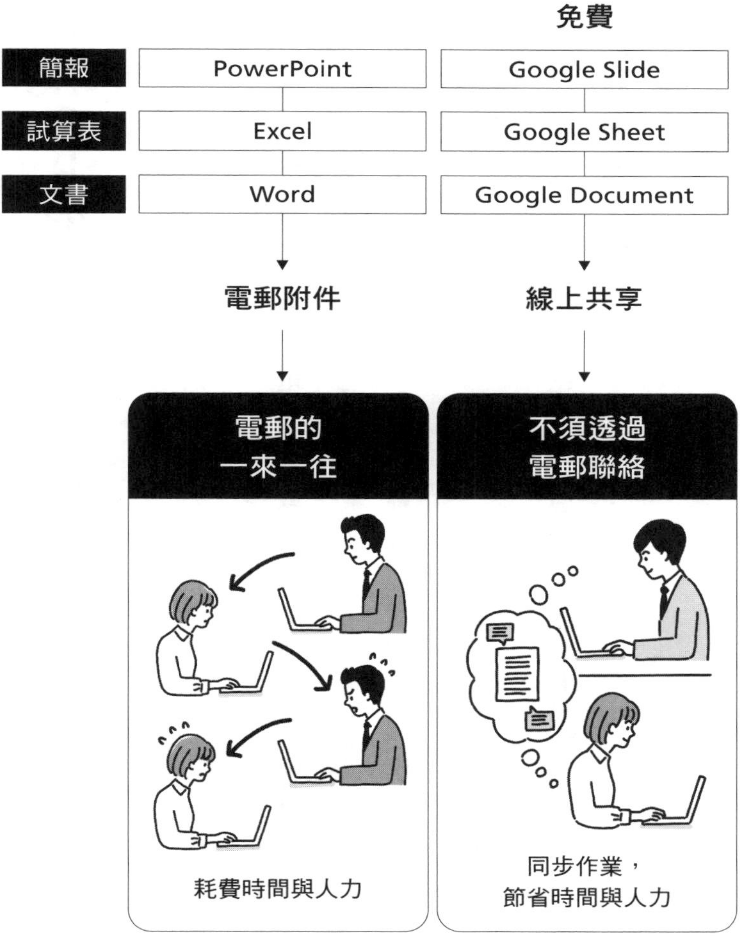

47 PREP架構，商業寫作不卡關

相信各位都有這樣的煩惱：在寫電子郵件或企劃案的時候，不知該從何著手。說來不怕大家笑話，其實我從小就不喜歡讀書，作文更是寫得一塌糊塗。不過，現在的我不僅出過幾本書、寫過幾篇雜誌的文章，就連出版社的編輯也稱讚我的寫作很簡單易懂。

我是怎麼做到的？

方法很簡單，那就是掌握文章的結構。只要**按照「PREP」的架構，任誰都能輕輕鬆鬆的寫出一篇文稿**。

即便是業務報告，也能參照此架構。例如：

47　寫作的祕訣：PREP 架構

PREP 4 步驟，
讓文書作業不再頭痛

範例

P
Point
（結論）

希望能專為新人設立實習制度。

R
Reason
（理由）

因本公司去年離職率過高，且經內部調查顯示，有 90％ 的新人是因為缺乏商談對象而離職。

E
Example
（舉例）

透過一對一指導，提供新人抒發意見的機會，並同時避免額外的人力成本。例如：利用學長學姊制，加強新進員工的溝通管道。

P
Point
（重申）

10 名新進員工對此制度的提案一致好評。特此呈報如上，煩請批示。

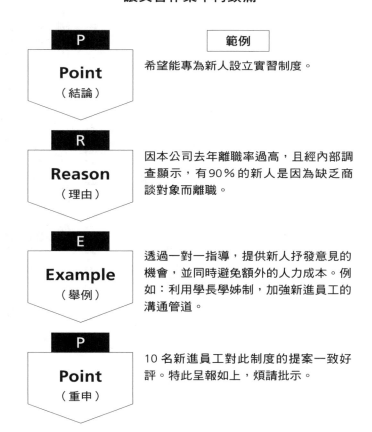

- 【P】結論（Point）……從重點（傳達的訊息）開始論述。
- 【R】理由（Reason）……簡單描述結論的理由。
- 【E】舉例（Example）……介紹具體實例。
- 【P】重申（Point）……說明前因後果，進行總結。

換句話說，一篇好的文章就像知名樂曲的和弦，自有起承轉合的規律。因此，只需套用PREP的規則，無須浪費太多時間思考，便能寫出一篇簡單扼要的文章。

48 要條列，不要寫作文

即便只有短短幾行，回信有時候還挺花時間的。接下來，就讓我為各位介紹節省回覆電郵時間的方法。

那就是條列式陳述。不用花太多時間構思，只要將傳達的內容逐一寫下來，就是一封簡單易懂的電子郵件。

例如下頁圖表48。

首先，不急著輸入內容，而是在空白處打上兩、三個「•」。其次，輸入前文與結尾後，在各個「•」依序輸入主要內容。如此一來，便能省略文章架構或起承轉合的構思時間。透過這個方法，不僅能在短時間內傳送多封電郵，也適用於內部的報告或資料。

48 條列式陳述的範例

首先，輸入開頭與結尾

主旨：○○商會之訪談報告

○○您好

平時承蒙您的照顧，我是 RASISA LAB 的伊庭正康。
關於山田商會的訪談，報告如下：

-
-
-

此處留白

以上煩請確認。
若有任何疑問，歡迎隨時聯絡。

年平均200場培訓課程，回流率高達95%
RASISA LAB 伊庭正康

其次，輸入各個條列的內容

○○您好

平時承蒙您的照顧，我是 RASISA LAB 的伊庭正康。
關於山田商會的訪談，報告如下：

- 14：00 順利簽約（B案15萬日圓，月底前出貨）。
- 下單理由：
  基於其他客戶的成功案例（詳參附件）。
- 成功案例極具說服力，可作為業務推廣重點。

最後輸入

以上煩請確認。
若有任何疑問，歡迎隨時聯絡。

年平均200場培訓課程，回流率高達95%
RASISA LAB 伊庭正康

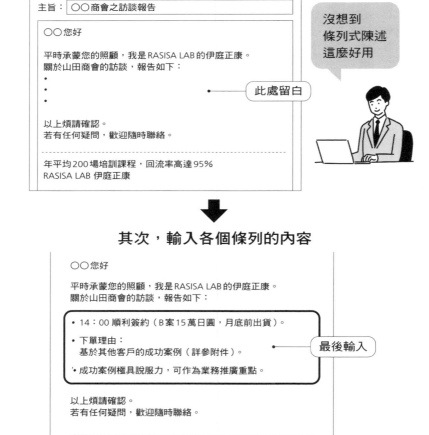

總而言之，想要快速完成文書作業的時候，就用條列式吧！或許有人覺得這種陳述方式缺乏溫度，那又如何？分秒必爭的工作場所，可不是讓你慢慢寫作文的地方。

最重要的是，電子郵件講究的是簡明扼要，切忌本末倒置的浪費時間。

49 先擬架構，不要邊寫邊想

撰寫企劃案最典型的失敗案例，就是邊寫邊想，寫到最後經常會因為前言不對後語，只好重頭來過。這大多是由於寫作順序不對，沒有在一開始就先設定好基本架構所致，正確架構如下：

起：○封面　○前言（企劃案的概念）

承：○目的（目標）○現況（問題點）○課題（必須解決的問題）

轉：○解決對策

合：○執行計畫（時程、執行者或方法等）○預算（預估）

49　企劃案從基本架構開始

企劃案首頁

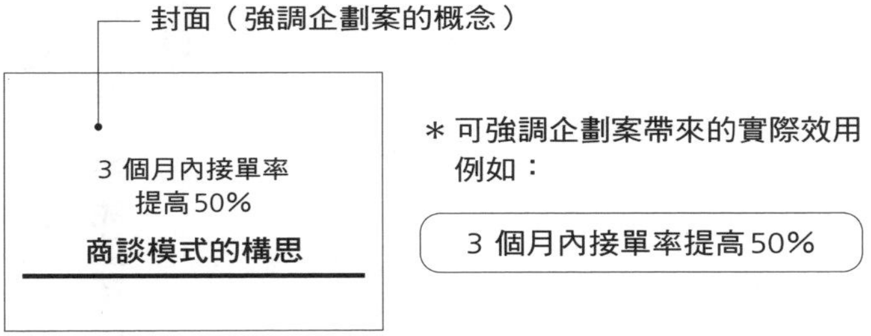
封面（強調企劃案的概念）
3 個月內接單率
提高50%
商談模式的構思
＊可強調企劃案帶來的實際效用。
例如：
3 個月內接單率提高50%

首頁後之頁面

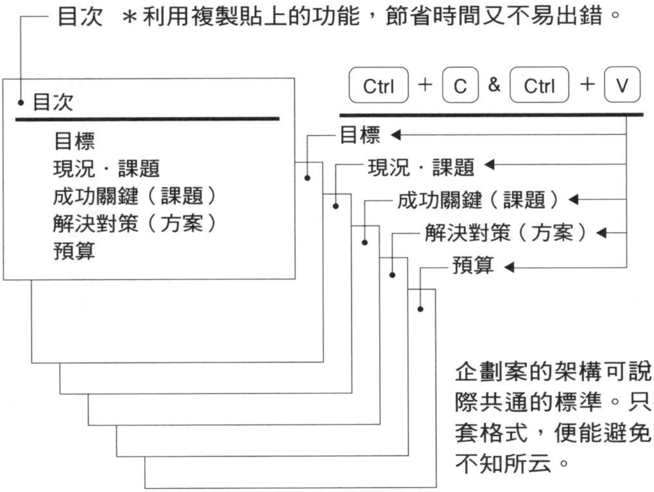
目次　＊利用複製貼上的功能，節省時間又不易出錯。
目次
目標
現況・課題
成功關鍵（課題）
解決對策（方案）
預算
Ctrl ＋ C & Ctrl ＋ V
目標
現況・課題
成功關鍵（課題）
解決對策（方案）
預算

企劃案的架構可說是國際共通的標準。只要照套格式，便能避免內容不知所云。

也就是，**第一個步驟，應先列出每一頁報告的標題**，之後才是細節內容。如此一來，便能有效預防重寫的可能性。企劃案最忌諱塗塗改改，更何況整個打掉重練。**為了避免浪費時間與提高工作效率，基本架構絕對是企劃案或簡報的大前提**。

50 先找主管問清楚方向，以免重做

俗話說：「人心隔肚皮。」再怎麼善於察言觀色的人，也無法成為主管或客戶肚裡的蛔蟲。基本上，企劃案大多是在七〇%的理解，與三〇%的揣測下完成的。因此，最怕主管或客戶說：「這不是我要的。」讓之前的努力全部打水漂。

怎麼預防這樣的情況？其實很簡單，就是**做好事前溝通**。換句話說，就是先讓主管或客戶了解企劃案的概念與架構，以免意見相左。

比方說，在動筆以前，先透過電郵條列式陳述企劃案的目標、課題、解決對策或時程等，同時附上一句：「以上為企劃案之基本架構，煩請確認與修正。」

50 事先溝通，以防意見相左

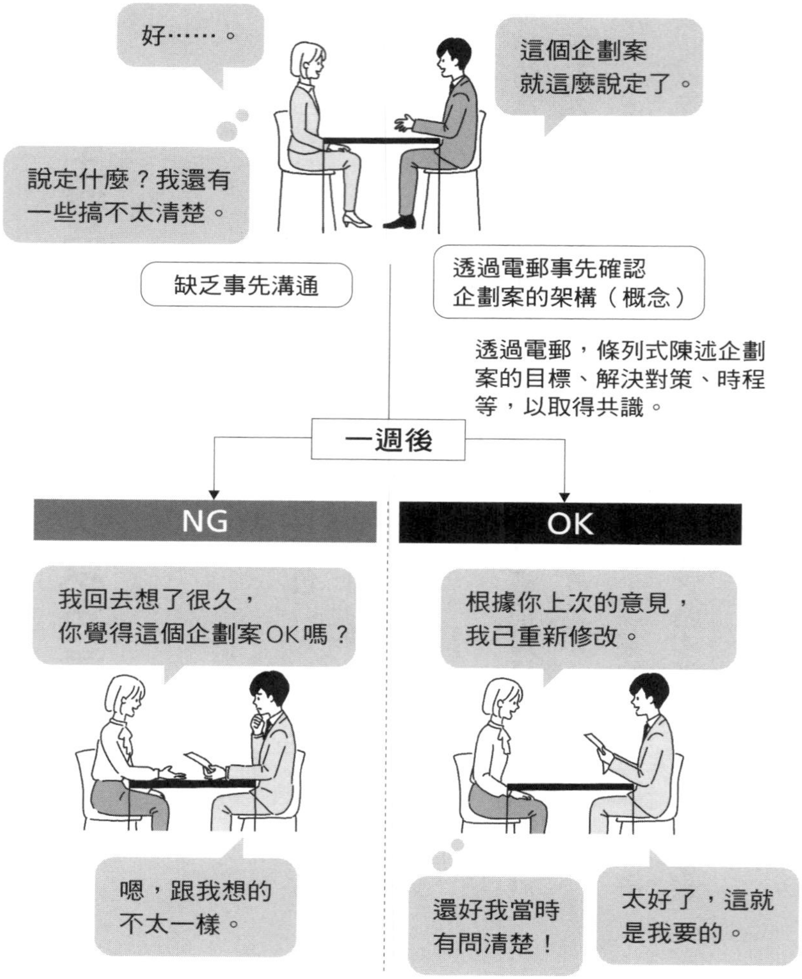

如此一來，如果企劃案的方向不對，對方就會立即回信——這就是提高工作效率的技巧。尤其是有些看起來很好說話的客戶，**有時比你想的還要吹毛求疵**。

遇到這種情況也不必太在意，因為本來就不可能完全猜中對方心意，倒不如透過事前溝通或報告，預防企劃案被對方打槍。

51 一秒抓出錯字的技巧

撰寫企劃案的時候，節省時間人力固然重要，但如果因為求快而錯字連篇，反而適得其反。以我來說，**即便有心校對，一忙起來就會漏看**；有時候明明反覆確認，卻還是會有疏漏的地方。

因此，我都會利用「Ctrl＋H」的快捷鍵。

相信各位在完成資料以後，一定會再檢查一遍。此時，如果發現錯字，無須一個字一個字的修改，而是利用「Ctrl＋H」，一併尋找及取代其他同樣的錯字。換句話說，前面出現過的錯別字，後面也可能出現，所以我們可以利用快捷鍵修訂同樣的錯別字。待尋找完畢後，對話框會出現「取代〇個文字」的訊息，最後只要按下確認鍵即完成。

51　利用快速鍵「ctrl＋H」，一次校對

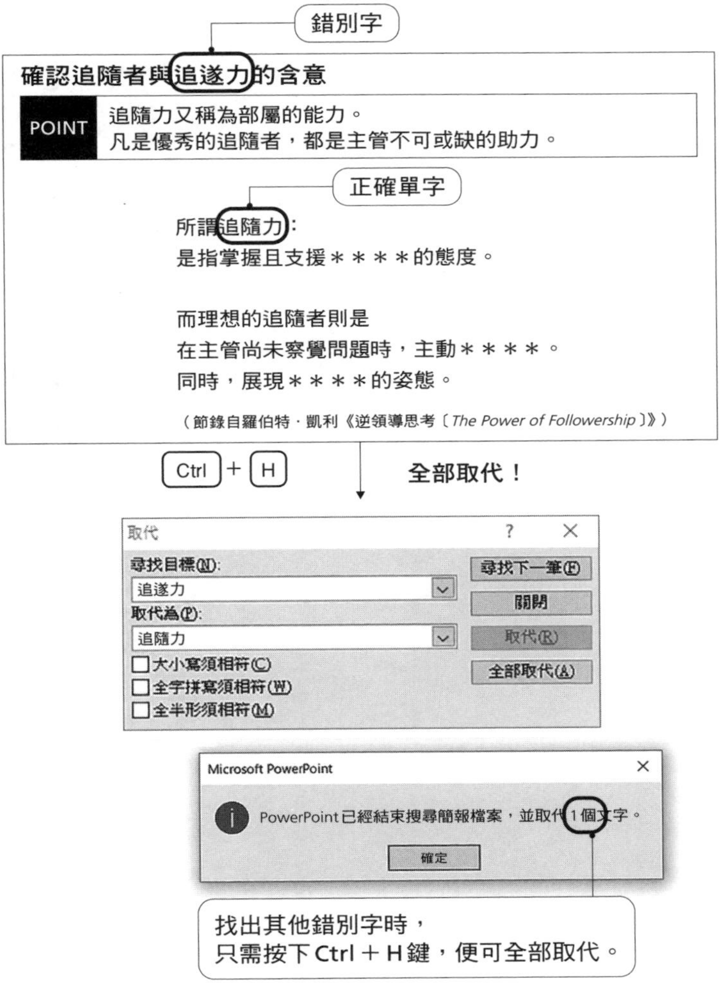
錯別字
確認追隨者與追遂力的含意
POINT
追隨力又稱為部屬的能力。
凡是優秀的追隨者，都是主管不可或缺的助力。
正確單字
所謂追隨力：
是指掌握且支援＊＊＊＊的態度。
而理想的追隨者則是
在主管尚未察覺問題時，主動＊＊＊＊。
同時，展現＊＊＊＊的姿態。
（節錄自羅伯特・凱利《逆領導思考〔The Power of Followership〕》）
Ctrl ＋ H
全部取代！
取代
尋找目標(N):
追遂力
取代為(P):
追隨力
大小寫須相符(C)
全字拼寫須相符(W)
全半形須相符(M)
尋找下一筆(F)
關閉
取代(R)
全部取代(A)
Microsoft PowerPoint
PowerPoint 已經結束搜尋簡報檔案，並取代 1 個文字。
確定
找出其他錯別字時，
只需按下 Ctrl ＋ H 鍵，便可全部取代。

除了錯別字以外，標點符號、輸入習慣或錯別字（如切忌與切記）等，都是很容易犯下的錯誤。然而，只要利用這個小技巧，便能快速提高文章的準確度。

第 6 章

準時下班的人，都很會「請求支援」

52

成為一個懂得求援的人

雖然在職場上，總是強調團隊合作很重要，但對於我來說，獨立作業並不是件壞事，因為至少可以節省教導或確認的時間，也不用浪費時間和別人開會或討論。就這一點來說，作業起來真的是方便許多。不過，**一個人獨立作業的最大問題，就是能力所及範圍十分有限**。

因此，我反倒建議各位**成為一位懂得「對外求援」的人**。例如準備五十人以上大型會議的時候，就應該請其他同事幫忙，而不是一個人默默的做。懂得適時的求援，不僅能夠提早完工，有時候還可能因為同事的一句提醒：「麥克風呢？準備了嗎？」讓準備作業盡善盡美。善於團隊工作的表現，也能在主管心目中留下好印象。

52　一個人的能力有限

成為一個懂得求援的上班族！

總而言之，獨立作業難免出現盲點。習慣單槍匹馬的人或許覺得其他人都幫不上忙。然而，想要發揮平常以上的水準，或提升工作績效，適時的對外求援也相當重要。

53

哪些事該找人做？自己不動手也不影響成果

你是否也有這樣的困擾：明明知道交給其他人做比較快，卻開不了口？以前的我也曾是如此。到底是自己做比較快，還是要拜託別人？其實，此時不妨先訂定獨立作業與團隊合作的評判標準。

標準很簡單，也就是：**即使自己不動手，也不會影響工作結果的事情，就可以請同事代勞**。例如，票據、財務報表、報稅、官網架設或小型會議，我都會委由工作夥伴處理。然而，研習資料、講義或商談等，與公司營運息息相關的項目，必定由我自己親力親為。

只要照著這個標準，便能輕鬆判斷**哪些業務自己處理更快，或哪些業務委由其他同事幫忙，反而讓自己有時間做更多的正事**。

53 預先設定團隊合作的標準

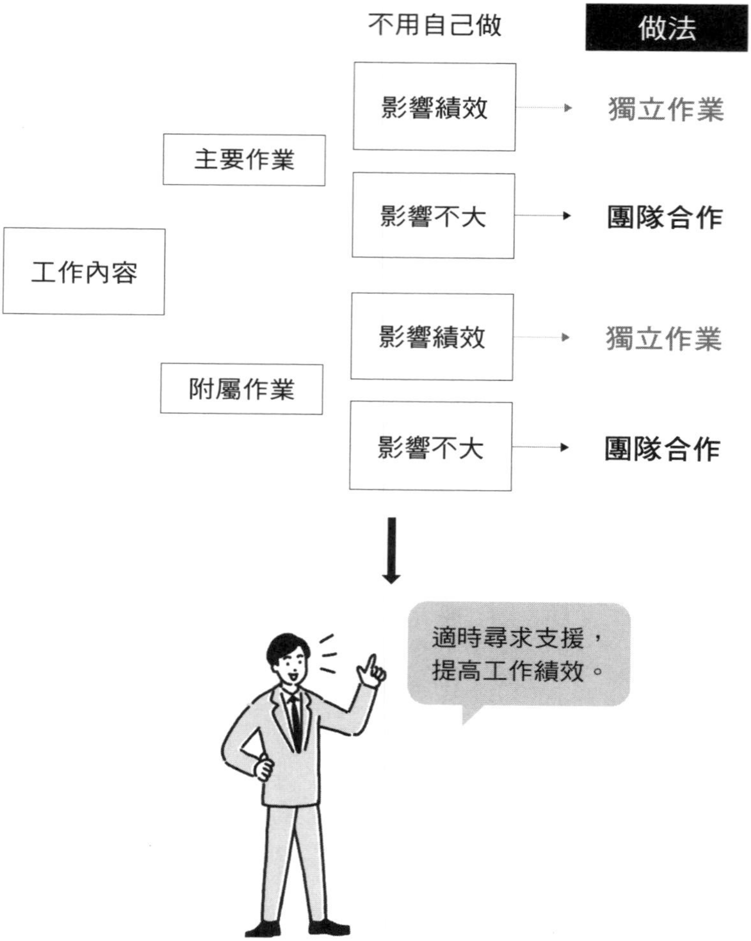

如果手頭上的工作沒有非自己處理不可，同時又找得到同事幫忙的話，請務必善用人際資源、借力使力，以提高工作效率。

54 主管不是神，不可能馬上給你答案

職場中，難免遇到一些必須請示主管的難題。然而，這也是講求技巧的。因為冒冒失失的問主管，任憑誰也無法立即給出答案。此時最好的做法是，**事先打一劑預防針，以免造成對方的壓力**。

所謂預防針，就是利用DESC手法，技巧性的傳達自己的需求。這個手法特別適用於上級呈報的場合。

步驟如下：

【DESC手法】

描述（Describe）：單純陳述現況，避免加入個人意見。

54　事先報告，給主管預留思考的時間

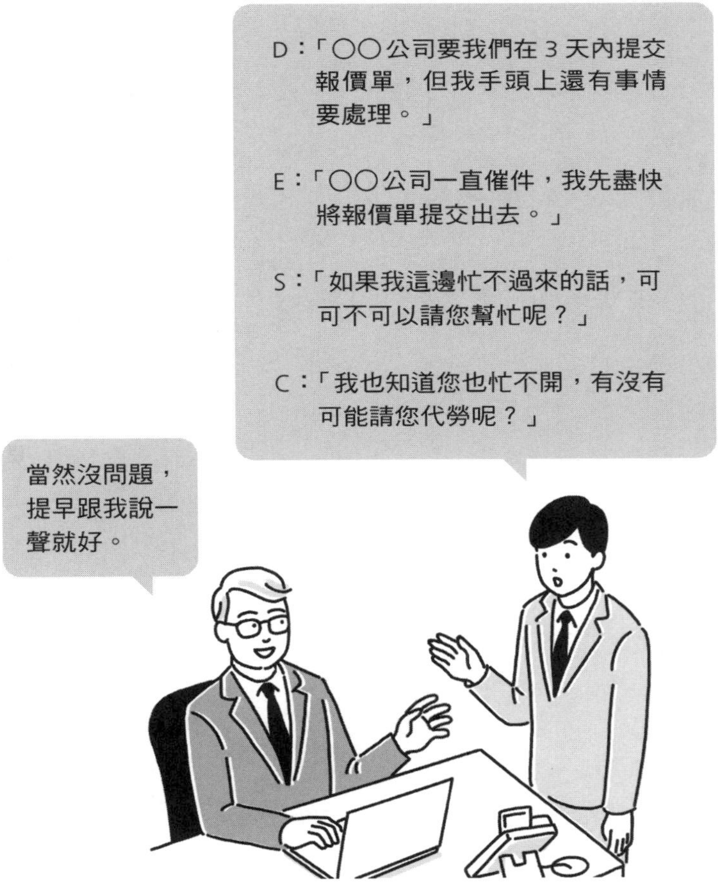
D：「〇〇公司要我們在 3 天內提交報價單，但我手頭上還有事情要處理。」
E：「〇〇公司一直催件，我先盡快將報價單提交出去。」
S：「如果我這邊忙不過來的話，可可不可以請您幫忙呢？」
C：「我也知道您也忙不開，有沒有可能請您代勞呢？」
當然沒問題，提早跟我說一聲就好。

說明（Express）：表達自己的想法與意見。

提議（Suggest）：提出具體解決方案。

選擇（Choose）：聽從主管指示。

55

你得先幫別人，別人才會幫你

在拜託同事的時候，總是擔心給別人添麻煩嗎？如果有這層顧慮，就表示你與同事之間的關係還不夠密切。事實上，人際關係的建立共有五個階段，分別是戒備、放下心防、親近、信用、信賴。在職場上，不能僅限於親近，而是要與他人建立起信賴關係。

該怎麼做？方法很簡單，就是你**要有幫助別人，但別人不一定會回饋的認知**。雖然在職場上大多是以給予與回饋（Give & Take）為原則，然而有時付出卻不求回饋，其實更能展現出一個人的高度。

例如適時的關心一下同事，提供一點幫忙或者送些小點心，都能增加對方對你的好感。

55　積極主動，不求回報

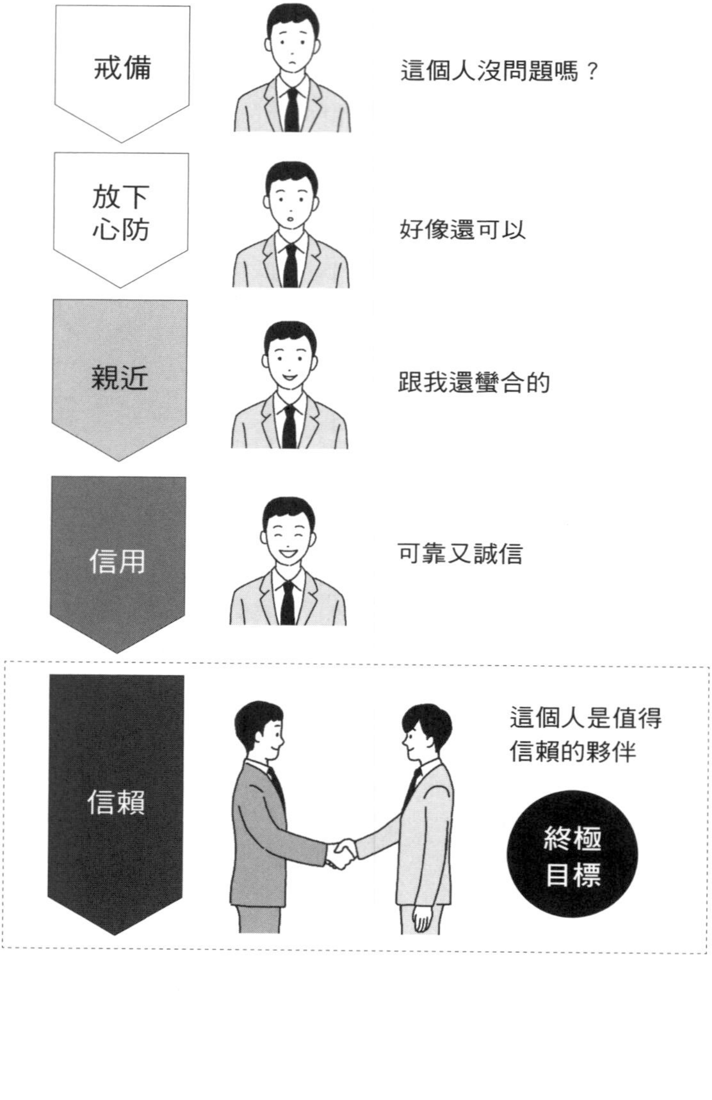
戒備
這個人沒問題嗎？
放下心防
好像還可以
親近
跟我還蠻合的
信用
可靠又誠信
信賴
這個人是值得信賴的夥伴
終極目標

再者，人是很敏感的動物，當你別有意圖的幫助別人時，其實大家都心知肚明。如果不求回報的幫助別人，我相信下一次就會是對方主動幫你。因此，建立**信賴關係的最佳方法，就是凡事不以交換利益為原則**。

56 事成之後不回報，朋友也會變敵人

請同事協助工作的時候，應該要盡可能的分享所有資訊，以免讓對方產生被輕視或工具人的印象，甚至發生不必要的爭執。即便你打算事成之後再說明，也難免造成對方的不悅。

事成之後的回報，**必須做到即時**、**迅速**。即便對方沒有向你提出要求，但再枝微末節的小事，都應該儘早告知對方。況且又占用不了多少時間，只需發送一封電郵便可。

老實說，我還在業務部的時候，就曾因此得罪某位大客戶。這位客戶是某家公司的總經理，介紹我與董事長認識以後，董事長便直接找我洽談另一件案子，但我卻沒有在第一時間向那位總經理報告。

56　不重要的資訊，也要立即告知

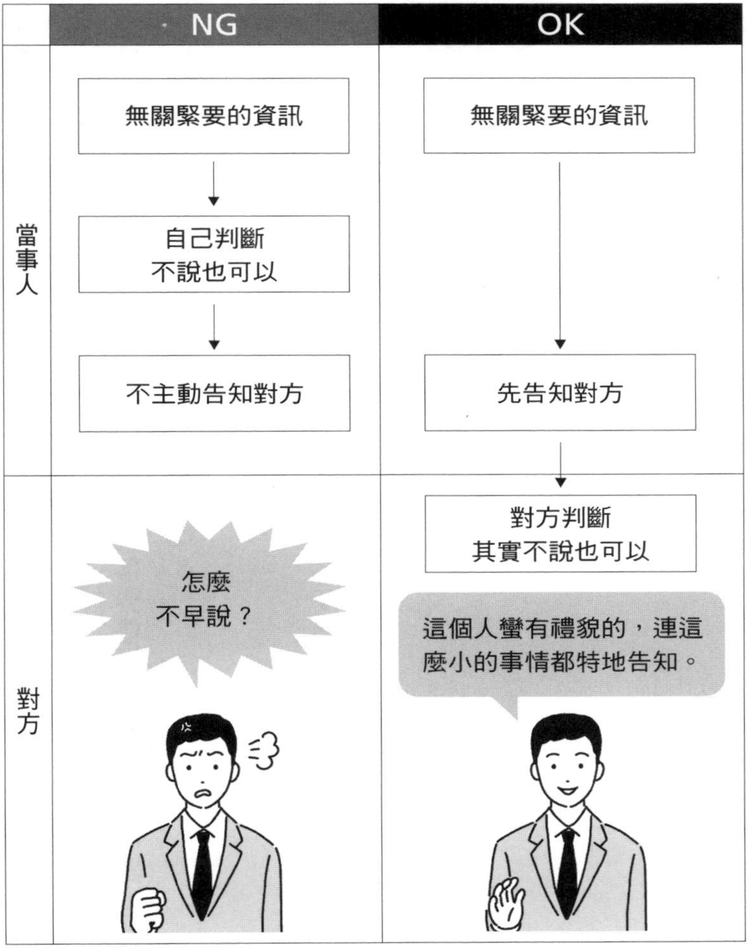

結果，對方後來再看到我，就對我有所戒備與不信任。因為正常來說，即便董事長交代的案子必須保密，我也應該先跟這位總經理打一聲招呼。職場中的進退應對雖然麻煩，卻很重要，因為**一旦關係弄僵了，反而導致問題更嚴重**。事後回報或許比想像中繁瑣，但有做總比沒做好。

57 軟銀創辦人孫正義也在用的「錨定效應」

看似無心的一句話，有時也可能是一種交涉。這在心理學，被稱作「錨定效應」（Anchoring Effect）。事實上，許多**工作效率高的人，經常會用到這項工作技巧**。

其中，最有名的例子，就是軟銀集團創辦人孫正義。有一次軟銀在拍廣告的時候，孫正義不經意的對廣告公司說：「下個星期能播出吧？」因為光是選角就得花費不少時間，想也知道一定來不及。不過，後來也因為這句話的關係，廣告公司最後決定放棄選角，直接用白色柴犬當主角。這就是紅遍日本街頭巷尾的「白戶家的歐多桑」廣告。

這就是所謂的錨定效應。**例如五天才能完成的工作，不經意的說：「如**

57 利用錨定效應，壓縮時間

即便還有一週，但為了保險起見，故意將交期壓縮到明天。

對方可能順口答應明天完成，但也可能需要進一步交涉。

基本上，不需要一週，3 天便能完成。

果可以的話，明天能夠提交嗎？」。如此一來，對方自然會順著說：「明天？有一點趕，後天好不好？」

主動壓縮時間進度，可說是提高工作效率的重要關鍵。

不過，也不能過於苛刻。要是雙方談不攏，小心到頭來反倒自食惡果，找不到願意配合你的客戶。

58 別讓別人的工作塞滿你的行程

我這個人還挺貪心的，總想著能不能增加業績、多一點時間與家人相處，或者與更多人接觸洽談等。

因此，我在安排行程時，往往會先主動提出候補日期，以免被對方牽著鼻子走。

首先，請提出三個選項。因為如果只有二選一，未免太過失禮，三個選項則是剛剛好。但切記，語氣一定要委婉，以免得引起對方的反感。萬一提不出三個選項也無妨，你可以將一天的行程區分為二，甚至將拜訪行程訂在幾個月以後。

除此之外，安排行程時，也要站在對方的立場多加考量。例如剛好碰到

58　主動出招，才能為自己爭取時間

提供候補日期時，切記語氣委婉，
以免引起反感。

【RASISA LAB 伊庭】訪談時程的調整

＊＊＊股份有限公司
＊＊＊＊ 課長

平時承蒙您的照顧，我是 RASISA LAB 的伊庭正康。
感謝您上次百忙之中抽空會面。

後續的洽商暫定以下 3 個日期：

若有不周之處，尚請見諒。

①3/7（一）9：00～12：00
②3/8（二）9：00～12：00
③3/8（二）17：00～18：00

以上日期若有所不便，歡迎隨時聯絡。
以上敬請參考與檢討。

年平均200場培訓課程，回流率高達95%
RASISA LAB 伊庭正康

候補日期以 3 個選項為宜，因為兩個太少、4 個嫌多。
實在找不出時間，也可以利用同一天的不同時段。

午休、下班後或月初、月底等繁忙時期，可事先表達歉意，請求對方的體諒與配合。

想掌控行程，就主動提出三個選項。因為只有主動給予選項，你才能爭取到更多自由調度的時間。

59 三秒就拉攏人心的魔法用字

在你有困難的時候，有些人總是值得信賴，而且從來都不會敷衍了事或面露難色。各位周遭是否也有這樣的人？這種人通常很擅長將心比心，會讓人不自覺的想要仿效。

其實，善解人意並不難，就讓我們來看看這些人有哪些共同的口頭禪吧！例如道別的時候，不是說：「下次再見。」而是「**如果有什麼需要幫忙的事，記得說一聲喔！**」

這就是他們的貼心之處，各位不妨模仿看看。

簡簡單單的一句話，卻讓人感到十足貼心。當然，這句話並不代表你必須為對方實質付出些什麼，而是在自己能力範圍所及盡一點心力罷了。

59 3秒拉攏人心的魔法句

有什麼事儘管說，
別客氣。
好的，謝謝。

貼心的一句話，改變對方對自己的印象。

後續的協助

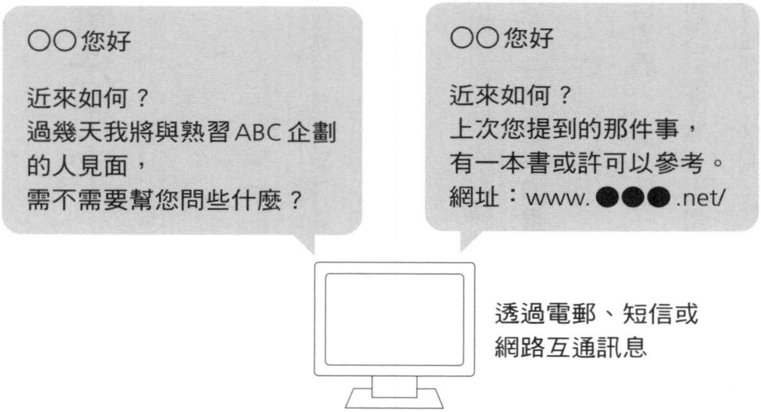
○○您好
近來如何？
過幾天我將與熟習ABC企劃的人見面，
需不需要幫您問些什麼？
○○您好
近來如何？
上次您提到的那件事，
有一本書或許可以參考。
網址：www.●●●.net/
透過電郵、短信或
網路互通訊息

不必擔心會造成對方的困擾，
只要是適度的關心，相信對方一定能感受到你的善意。

一九九五年發生阪神大地震的時候，由於我人在京都，躲過一劫。但當時，還是有人跟我說：「如果有需要幫忙的話，記得跟我說！」至今依然讓我印象深刻。

其實，重點不在於對方能夠做些什麼，而是那份體貼與心意。短短的一句話卻如魔法般，溫暖對方的心。

60 七十分主義，別人會更樂意幫你

有些人之所以無法向同事求援，是因為不放心交給別人。其實，這種心態也不難理解。例如資料的編排或者文字用法，每個人的習慣都不太一樣，所以才會常常覺得**自己做最快。然而，最後通常就是自己加班**。

因此，我認為，就算資料的編排或是文字習慣用法不同，只要大致ＯＫ就算過關。我把這稱作「**七十分主義**」。因為工作績效看的不是表象，而是具體實質的內容。既然如此，交給別人做有何不可？

更重要的是，作風太龜毛往往惹人怨；不拘泥於形式、注重工作內容的人，反而更能得到別人的敬重。如果各位也有完美主義的傾向，務必三思而後行。

60　70分主義

NG

你那份資料都過期了，
怎麼不用今年的數據？
你是怎麼做簡報的！

績效不佳的人糾結於形式

OK

各位請看圖表中
去年的統計數據。

績效佳的人注重內容

61 被拒絕時不用尷尬，反問：「怎麼了嗎？」

當然，我們在請別人幫忙的時候，對方也有可能回絕，但回絕並不代表不配合或冷漠。如果將回絕直接解讀為拒絕的話，久而久之就會不敢開口。

事實上，很多人之所以幫不了忙，不是不願意，而是另有其他不得已的狀況。

因此，當對方婉拒的時候，記得追問：「這樣啊，怎麼了嗎？」**這是關鍵的套話技巧，加上這麼一句「怎麼了嗎？」便能得知對方真正的難處**。

此時，對方可能回說：「因為我手上有份工作，下班前得提交出去。」、「我兒子生病，得早一點回家。」由此可見，對方並不是袖手旁觀，而是有不得已的理由。說開了以後，說不定你還能為對方提供其他解決方法。

61　被回絕時的 3 大問句

NG

如果被拒絕的話
怎麼辦？

主觀的自我否定

OK

這樣啊，
怎麼了嗎？
現在恐怕
不行。
因為……。

思考背後原因

進一步詢問

- 打破砂鍋問到底。
- 確認（了解）對方的想法或顧慮。
- 重點在於對方的顧慮。

3大問句：
• 怎麼了？
• 為什麼？
• 什麼情況？
經典套話技巧：
• 你剛剛說……

總而言之，**開口求人雖然需要勇氣，但更重要的是正向思考**。與其害怕被回絕，倒不如問清楚原因，想一想其他對策來得實際有效。

事實上，真正影響工作效率的，往往不是不懂得尋求協助，而是過度小心謹慎。

62

沒有即時表達謝意，對方下次就不會理你

接受別人的幫忙雖然不用特別回禮，但表達謝意絕對是基本的社交禮儀。如果不以為意，很可能會讓雙方關係逐漸疏遠。

然而，表達謝意也講究時機與方式。

時機共有三次。除了對方答應幫忙、幫忙以後的時機點以外，**中途也可以打一聲招呼感謝一下**。

該怎麼做？那就是讓對方知道舉手之勞的影響有多大、讓對方覺得沒有白費功夫。例如：

「謝謝您將這一份資料趕出來。多虧您的大力幫忙，我們總算拿到下個月的訂單。」

62　表達謝意的時機與方法

NG

只在請求幫忙或
答應幫忙時道謝

OK

表達謝意的 3 個時機點

- 請求幫忙
- 中途
- 結束時

加上「多虧您的幫忙」

- 強調對方的幫忙所帶來的實際助益

很多人只懂得道謝，卻沒有謝在點上。

多加一句「多虧您的幫忙」，便能讓對方覺得與有榮焉，下次再開口也就不難了。下次表達謝意的時候，務必記得這個訣竅。

第 7 章

提案老被打槍？因為你搞錯溝通對象

63

沒有內部溝通，九十九%會卡關

不論公司規模大小，任何提案都必須經過內部決議。因此，提案要順利通過，和主管事先溝通協調，便顯得格外重要。

當然也有人不以為然的想：「何必這麼麻煩，簡直就是浪費時間。」但未經溝通的提案，我印象中還真的沒看過一次就過關的。

這是因為，每個部門的利害關係不同，對於提案的考量、接受度當然也就不盡相同。

因此，厲害的人都會將**事先溝通視為提案快速過關的基本功**。

一旦企劃案在會議中遭到駁回，就得重新提案。更不用說，在獲得全體一致通過為止，往往得花費好幾個小時，甚至一次又一次的重新來過。為了

63　事前溝通是基本功

NG
只要提案內容沒有問題，哪需要什麼內部溝通？
怎麼搞的？根本行不通！

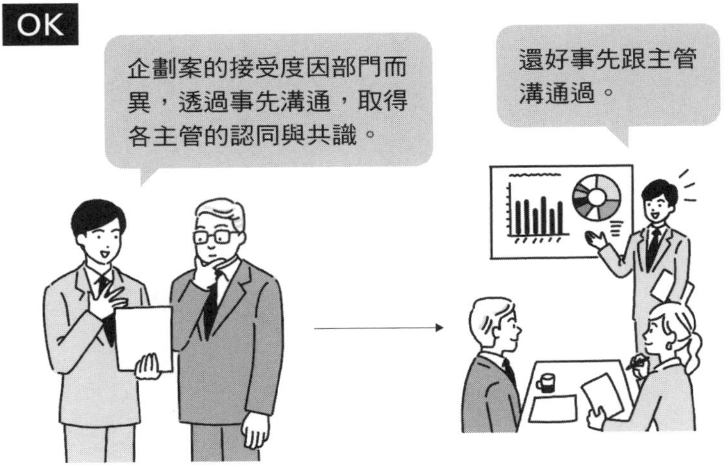
OK
企劃案的接受度因部門而異，透過事先溝通，取得各主管的認同與共識。
還好事先跟主管溝通過。

避免浪費時間，就必須透過事先溝通來進行調整。

由此可見，對於組織而言，事先溝通是不可或缺的溝通方式。

64 一家公司，通常有三號關鍵人物

提案通過的人，與提案被打槍的人，差別在哪？

最主要的原因之一，通常是事前溝通。例如，在會議上被問到答不出來，就代表事前溝通做得不夠充分。再加上，提案攸關各部門的利害關係，並不是單一部門、一個人能夠決定的，因此幾乎不可能一次就過關。

為此，我要介紹一個內行人都知道的提案方法，那就是個別針對**決策者**、**反對者與贊成者**，**做好事前溝通**。

例如，事先請教決策者的看法與判斷標準；向反對者積極溝通，找到他們願意妥協的底線；對於贊成者，則是懇請對方在開會當天投下贊成票。只要做好這些準備，基本上很難出現反對聲浪等無法掌控的狀況。

64　讓企劃案通過的關鍵人物

決策者

握有決定權的主管

■ 掌握判斷標準

- 關注的問題點
- 期望與需求（課題）
- 通過的前提或條件

反對者

反對的一方

■ 確認雙方的底線

- 反對的原因
- 可妥協的部分

贊成者

贊成的一方

■ 請求對方在關鍵時刻，投下贊成票。

由此可知，企劃案的表決關鍵在於事前溝通。雖然需要下一點功夫，但以結果來說反而效率更高。希望各位也能掌握這個訣竅，讓自己成為企劃案高手。

65 怎麼說服？要講到讓對方不好意思

明明企劃案沒有任何問題，但有時就是會有人持反對意見。特別是遇到情緒化或者固執己見的人，說破嘴也無濟於事。

此時，最快取得共識的方法是，**透過物件抽象化**（Object Abstraction）的方式，促使雙方達成共識。

什麼是物件的抽象化？

所謂抽象化，就是站在更高的層次，找出彼此之間爭論的問題點。

例如：「忙都忙死了，哪有時間參加培訓？」公司內部對於培訓課程開始出現雜音。

這個時候，你可以提高討論的高度，說：「我知道大家都很忙。不過，

65　提高討論高度，才能化解對立

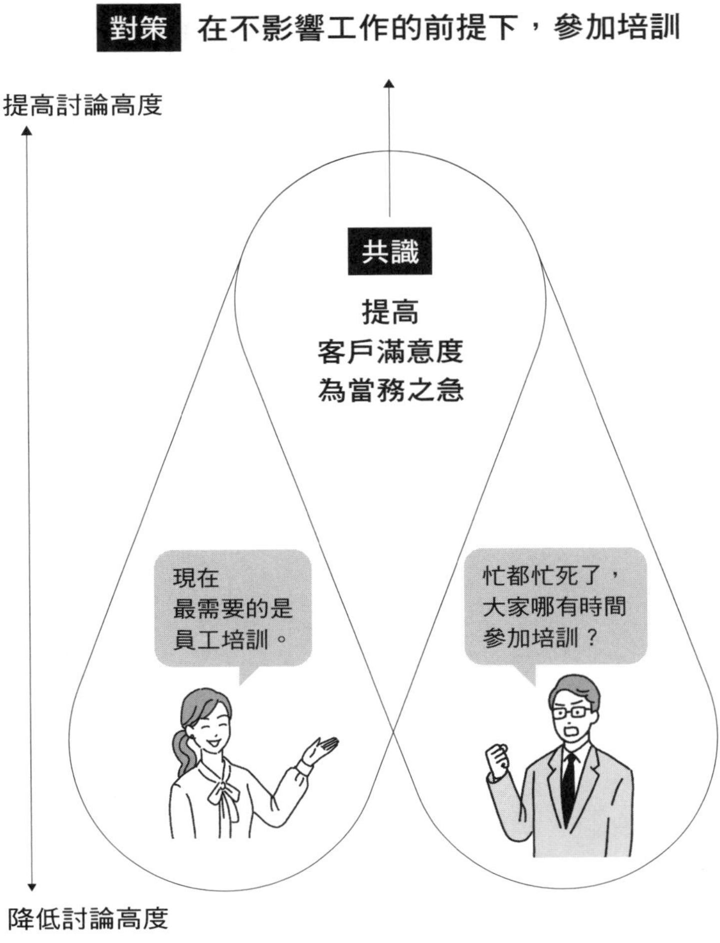

如果沒有員工培訓又怎麼能夠提高客戶的滿意度？」

接著再持續溝通，直到取得雙方的共識，例如：「所以說，只要不影響工作的話，你就不會反對吧？」

只要利用這種溝通模式，對方也不好意思反對到底。

因此，遇到對立的情況，各位不妨試試看，提高討論的高度是最好的解決對策。

66 反對意見，越多越好

當企劃案面臨決議時，勢必會面臨到反對聲浪。例如，你一講完，馬上有人不客氣的說：「等一下，你說的這些有什麼根據嗎？」

然而，反對不代表否定，倒不如說是說服對方必經的過程。更正確的說，沒有反對意見並非好事，反而缺乏讓彼此建立共識的機會。因此，對於反對意見，我們更應該抱持開放的心態。

也就是說，想要讓自己的提案如期通過，應該**盡可能的讓大家提出不同的見解或反對意見**。即便對方不置可否的說：「還可以吧，我沒有意見。」也不應該掉以輕心，而是針對關鍵性人物進一步追問：「不知道以大家的立場來看，還有更好的方法或建議嗎？○○○，你怎麼看？」

66 主動追問，說服對方

反對意見，才是達成目標的捷徑。

如此一來，對方也不好意思默不作聲，總得發表一下意見。比方說：「嗯，我也沒什麼意見……但成本是不是太高了？」接下來，便可以透過詳細的解釋與說明，進而說服對方。

總而言之，當企劃案面臨決議時，**除了思考如何因應反對意見以外，更重要的是導引出不同的看法**。因為這也是因應反對意見的重要環節。

67

三步驟，我把質疑變信賴

當我們懂得主動出擊以後，接下來就是回應反對意見。事實上，回應反對意見，也是展現個人情商的大好機會。以下為處理反對意見的三大步驟：

- **步驟1：致謝→感謝對方提供不同的意見。**
- **步驟2：舉證→證明提案是所有選項中的最佳方案。**
- **步驟3：提示→說明執行後的績效與優點。**

接下來，讓我們直接來看怎麼實際應用吧！

例如：「謝謝您的指教。老實說，我也考慮過其他選項。不過，A方案

67　回應夠高情商，才是實力

步驟 1

致謝

感謝對方
提供不同的意見。

謝謝您的指教。

步驟 2

舉證

證明提案是所有選項中
的最佳方案。

老實說，我也考慮過
其他選項。

步驟 3

提示

說明執行後的
績效與優點。

不過，A方案對於提升
客戶滿意度來說，是最
直接有效的對策。

對於提升客戶滿意度來說，是最直接有效的對策。」

像這樣，**在面對質疑時，不妨試著展現出從容不迫、沉穩的態度**。如此一來，反而讓周遭人對你產生信賴感。換句話說，面對反對意見的回應與反擊，才能凸顯實力。

總而言之，事先思考如何回應反對意見，也是讓企劃案順利通過的技巧之一。

68

提案的殺手鐗：「本公司營運方針……」

在進行公司內部提案之前，第一要項就是搞懂主管的判斷標準，否則提案再好，你也得不到主管的青睞。不過，如果你是按照公司的營運方針來提案，那可不一定了。因為對於部門主管來說，公司的營運方針往往就是讓他們點頭的關鍵。

因此，提案的時候，記得套用一句：「**根據公司的營運方針，我的提案……**。」或是「**這次的企劃案是為了落實營運方針中的〇〇〇理念**。」如此一來，便能引起主管的興趣。

如果公司的營運方針是提高生產力的話，便可以這麼切入主題：「因為今年的營運方針是提高生產力，因此我想出一組『雙人制』提案。所謂雙人

68 營運方針的效力

營運方針是最高指導原則。

營運方針等同尚方寶劍

企劃案的概念要
符合營運方針。

藉由營運方針，
說明企劃案的必要性。

制是指……。」

在這個句當中的雙人制，你可以替代成任何名詞，重要的是**透過「方針」的導引功能，吸引主管對你創立的名詞產生興趣**。

這就是營運方針的功效。

總而言之，在公司內部提案的時候，祭出營運方針準沒錯。因此，企業內部刊物（The enterprise internal publications）、董事長或主管平時的發言，都是你平時蒐集資訊與關注的重點。

69 怎麼寫企劃？先搞定三個「不」

我曾經裁決過一項企劃案。這個案子一提上來，我就想直接駁回。不可思議的是，其他主管也持同樣意見。

各位一定很好奇，這個企劃案有這麼糟糕嗎？

事情是這樣的，雖然提案的人說得頭頭是道，但**就是不夠接地氣**。對於我們這種在商場打滾多年的人而言，這種在冷氣房中想出的企劃案，目標業績數字再漂亮，也就是紙上談兵而已。

確實，數據分析也很重要，但企劃案不能只是紙上談兵，第一線人員的意見，才是事業成敗的關鍵。因此，**提出企劃案時，切勿疏漏第一線的意見與反饋**。例如員工的感想或客戶的反應等。只需在現場走一遭，聽一聽有哪

69　不夠實際的企劃，99％都會被打槍

祭出營運方針與第一線的反饋

層級越高，與第一線越有隔閡。
第一線的反饋才是主管的關注焦點，
應一五一十的呈報。

第一線的訪談

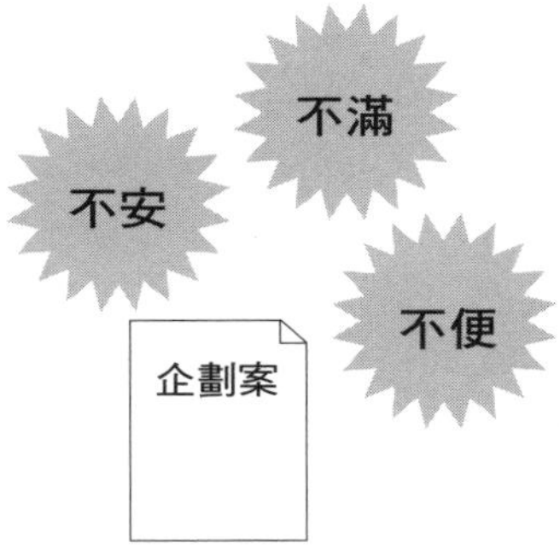

企劃案忠實呈現
第一線的意見與反饋

些不安、不滿或不便的話，就不必大費周章的做問卷調查。

如果能從為第一線發聲、解決問題的角度來切入，呈報出來的企劃案必定更有說服力。

總而言之，對於注重第一線的主管或高層而言，與其秀出眼花撩亂的數據，第一線的意見遠遠勝於一切。各位在提案的時候，務必記得這項準則。

70 主管只看這三個數字

說到企劃案的決議，就得提一提軟銀創辦人孫正義。據說如果是十秒內想不清楚、拿不出數據的事，他就不簽字，通通駁回。

事實上，這也不是他特有的做法。因為以在決策者的立場來看，沒有數據就無法做出最合理的判斷。

那麼，企劃案該有哪些數據？

其實很簡單，只要**掌握以下三點**即可。

第一個數據是「過去、現在與未來（預估值）」的推移，第二個數據是企劃案對於未來的「正面影響」；第三個數據是「舉證」。如下頁圖表70所示，**只要將數字用圖形來呈現，便能分析得一清二楚**。

70　列出數據的推移、效果與舉證

一個月的會議時間壓縮在20個小時以內，新訂單提高25%以上（6件→7.5件）

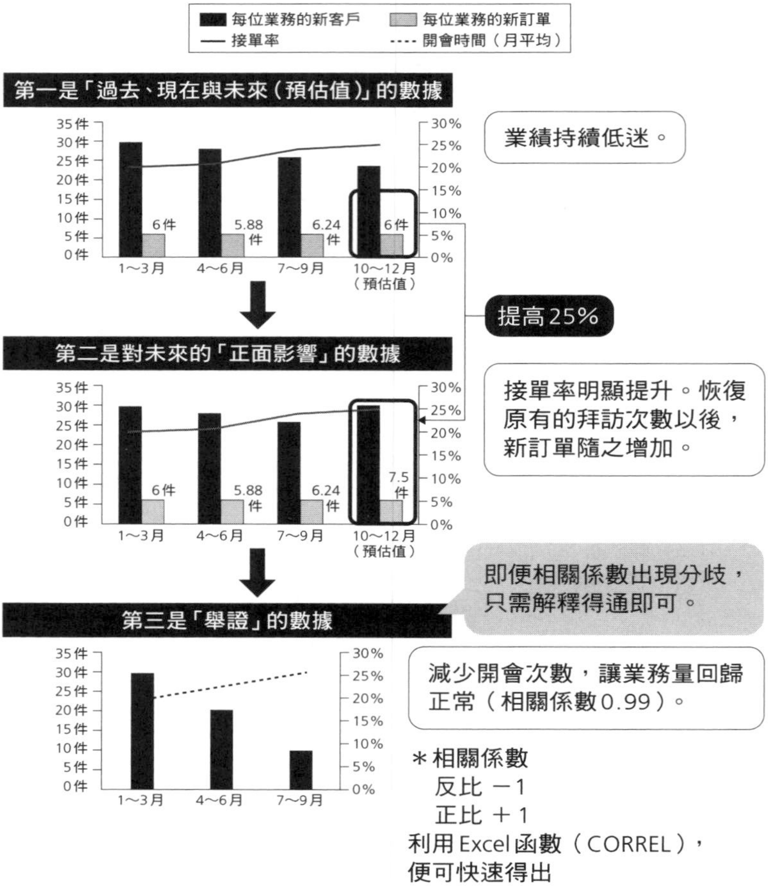

我曾經向某家企業龍頭推銷過一款手機應用軟體，對方對於數據的要求，讓我印象深刻：

「先看看你們的分析資料吧。沒有數據怎麼呈報？」

換句話說，對於這家公司而言，**確切的數據是基本條件，否則一切免談**。可想而知，企劃案需要的是具有說服力的數據。

71

回話最高藝術：最後十分鐘，什麼都不要說

假設十分鐘以後即將開會，對於企劃案是否通過而感到惶惶然的各位，該做些什麼？**什麼都不用做**，這段時間什麼都不要說就是了。

各位該做的是，**刪除多餘的資訊**。

例如透過線形圖，說明這一季的業績攀升，但是八月卻因為某些因素，讓業績不如預期。這就是多餘的資訊。一旦開啟這個話題，便沒完沒了，只好下次再議。而決議事項最怕的就是下次再議。

其實這種情況並不難解決。例如同樣的線形圖，也可以用箭號呈現即可。或許有些人會不以為然的想：「這不是欺騙嗎？」別緊張，這手法在電視節目上很常用。例如氣象預報中的日本地圖，有誰會要求東京、大阪，甚

71　刪除多餘的資訊

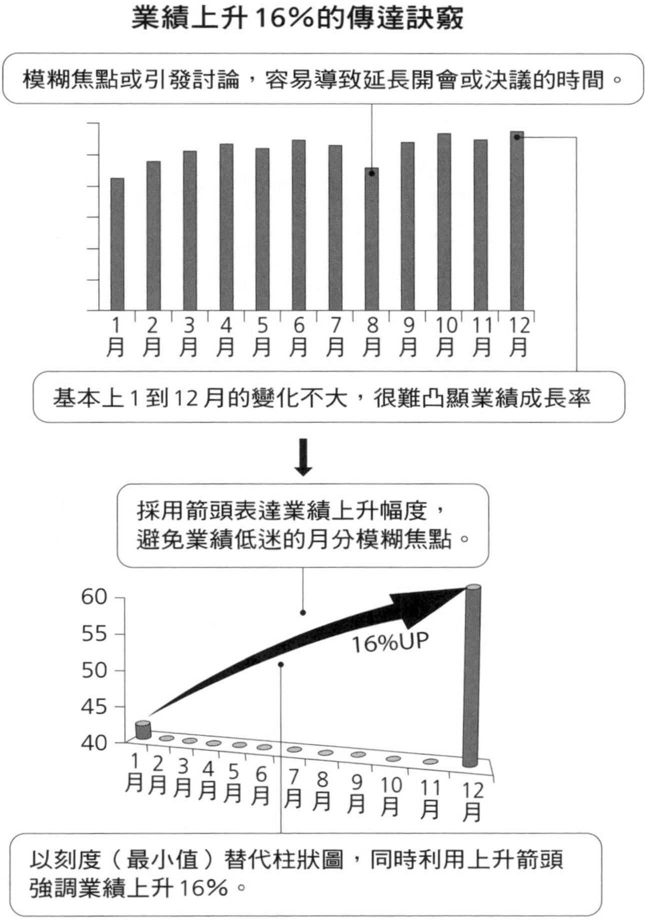
業績上升 16%的傳達訣竅
模糊焦點或引發討論，容易導致延長開會或決議的時間。
1月 2月 3月 4月 5月 6月 7月 8月 9月 10月 11月 12月
基本上 1 到 12 月的變化不大，很難凸顯業績成長率
採用箭頭表達業績上升幅度，
避免業績低迷的月分模糊焦點。
60
55
50
45
40
16%UP
1月 2月 3月 4月 5月 6月 7月 8月 9月 10月 11月 12月
以刻度（最小值）替代柱狀圖，同時利用上升箭頭
強調業績上升 16%。

刪除多餘的資訊

至北海道的地形一絲一毫不差？

總而言之，簡報的重點不在於說些什麼，而是決定不說些什麼。**因為無關緊要的細節，誰也不在意**。不必要的事情，能刪就刪。

第 8 章

一天當中，你開了多少無效會議？

72 開完會，不代表有共識

「會議越長越浪費時間」，對於講求效率的人而言，一定都是這樣認為的吧？但是，**一味的減少會議時間，其實沒有任何意義。因為會議的重點在於品質**。

只要不讓與會者發言，會議當然兩三下就結束。然而，開會的重點在於提高與會者的參與度，並盡快取得共識。

因此，開會的時候，應該要請大家盡量踴躍發言，而不是從頭到尾悶不吭聲。

特別是線上會議更是如此。因為大多數的人就是點點頭表示同意，其實忙著其他事情。

72　快速取得共識，才是開會的目的

NG 快速表決

就是這樣，
那麼拜託囉！
太草率了吧！
就是啊。

OK 儘早取得共識

有什麼意見
儘管說。
我可以說一個
意見嗎？
這個提案
其實挺不錯的。

遇到不肯表達意見或提問的與會者，不妨指定發言。例如：「〇〇課長，您覺得如何呢？」甚至可以更進一步的說：「經理，您覺得〇〇課長的看法如何？」

73 先確認底線，什麼事都好談

開會討論的時候，如果不事先確認雙方的底線，後果將會不堪設想。因為**討論一旦拉長，就有可能讓議題懸而未決**。在大多數的情況下，更可能無法順利實行。

因此，討論的時候，首要之務是確認雙方的底線。所謂底線，指的是彼此希望獲得的結果。具體來說，就是**討論時先拋出決定事項的重點**，以便達成共識。只要做好這一個步驟，就不怕模糊焦點。

其實預設底線一點也不難，只要決定「何時」、「由誰」、「要做什麼」與方法即可。一但有了目標以後，任何討論都相對明確許多。

總而言之，討論時記得先確認雙方的底線，以免浪費時間。

73 事先達成共識，以免浪費時間

Tips

- 縮短討論的時間。
- 取得共識。
- 避免彼此在認知上有落差，也能消除壓力。

74 開會前就要求大家先看資料

整場會議如果只有主持人滔滔不絕，大部分的人都會覺得開會是在浪費時間。

例如我以前上班的公司，每週部門會議至少得花上兩個小時，光是報告資料就有五十幾頁。老實說，我在開會之前，常常就已經先看完資料，因此後半段幾乎都沒有在專心聽。

為了避免這樣的狀況，各位不妨在開會前兩天先派發資料，並要求與會者想好問題與意見。如此一來，大家就會專心聽別人發表意見，而不是埋頭猛看資料。

例如開會前，先提醒大家：「前天發送出去的會議資料，不知道各位都

74 事先發送會議資料，要求提問與意見

NG

浪費時間一一說明

OK

開會時直接進入主題

看過了嗎？有誰還沒有時間看的嗎？對於資料的內容，有沒有什麼問題？沒有問題的話，那我們就正式開會吧！〇〇〇那邊進度如何？有沒有需要解釋的地方？」

用這種方式開場的話，每個人就會不自覺的繃緊神經，集中精神開會。

如果有人尚未看過會議資料的話，不妨簡單的介紹當天的開會主題，以便對方進入狀況。

75 任何報告一張A4就夠了

我在前面說過，為了提高開會的效率，可以事先發送資料。但如果資料過多，例如三、五十頁的話，反而會占用到對方的工作時間。因此，會議資料以一頁為宜。

我也曾在開會前收過三十幾頁的參考資料。但老實說，因為實在抽不出那麼多時間，所以我很少看完，只能大致翻閱一下。

但是，資歷較淺或新進員工，可就不能像我這樣隨便。說不定有些人非常認真，還特地花上三十分鐘，甚至一個小時，把資料全部看完。雖然開會很重要，但這個情況應盡量避免才對。

據說，亞馬遜（Amazon）或豐田汽車（TOYOTA），公司都要求內部資

75　避免會議資料影響開會效率

回覽

主旨
新商品 α 之問卷調查報告

目的
消費者滿意度與改善對策

實施
期間：20XX 年 1 月 12 日～20XX 年 1 月 22 日
方法：＊＊＊＊＊＊＊＊＊＊＊＊＊

結果
- 有效取樣　1,200 件（其中＊＊＊＊＊＊＊＊＊＊＊＊）
- 調查結果
  消費者的回饋如下
  （A：優　B：普通　C：差）

效果	A 60%	B 30%	C 10%
品質	A 30%	B 20%	C 50%
性價比	A 20%	B 48%	C 32%
價格	A 80%	B 10%	C 10%

- 客戶意見（節錄）
  ＊＊＊＊＊＊＊＊＊＊＊＊＊＊＊＊＊＊＊
  ＊＊＊＊＊＊＊＊＊＊＊＊＊＊＊＊＊＊＊

問題點
＊＊＊＊＊＊＊＊＊＊＊＊＊＊＊＊＊＊＊＊

今後課題
＊＊＊＊＊＊＊＊＊＊＊＊＊＊＊＊＊＊＊＊

改善方案
＊＊＊＊＊＊＊＊＊＊＊＊＊＊＊＊＊＊＊＊

料僅限一張A4紙。各位不妨也試著將開會資料彙整成一頁A4。
倘若可以套用範本，便能輕鬆省事的打出一份會議資料。

76 會議室擺計時器，預防時間失控

要提高會議效率，還可以**註明各議程及所需時間**。

開會前只需事先說明：「今天的議題分為三個部分，白板上是每一項議題的討論時間。請問有人有其他想法嗎？」

此時不妨利用白板或投影片作為輔助。然後，按照預定的時間進行各項議程。當然，有時也可能因為討論過於熱烈，而遲遲沒有定論。**即便如此，也應該在預設的時間內結束，而不是延長時間讓大家繼續討論。沒有結論的議題可以留待相關人員再做討論**。

除此之外，開會時**指定一人監控時間**，**也能有效預防延長討論**的狀況。或是直接在投影片、平板電腦加上計時器，也是不錯的辦法。

76 記載議程與所需時間

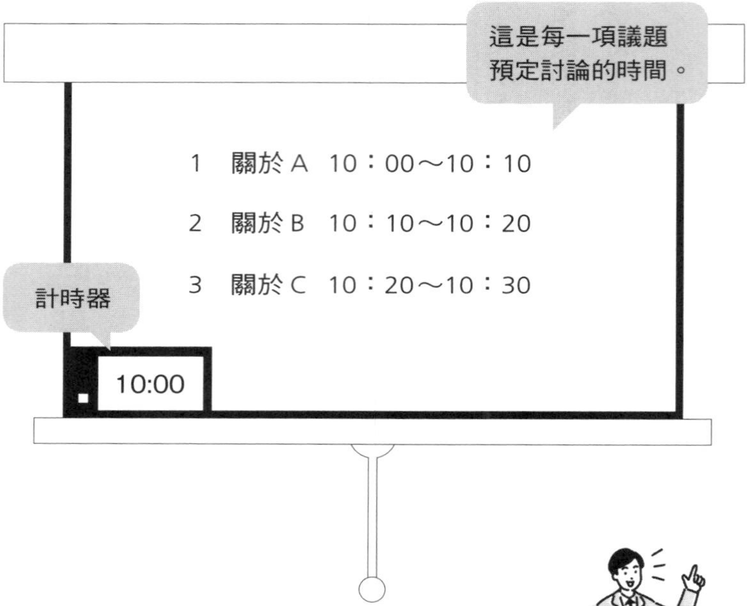
這是每一項議題
預定討論的時間。
1 關於 A 10：00～10：10
2 關於 B 10：10～10：20
3 關於 C 10：20～10：30
計時器
10:00

Tips

- 開會前，先說明預定議程，取得共識。
- 確認是否有追加提議。
- 說明議程時間，指派專人計時。

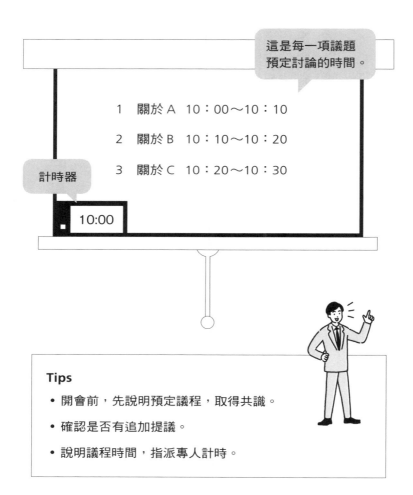

77

開會人數最多七人

你也有這過這樣的開會經驗嗎：

即使希望每個人要踴躍發言，但總是有人保持沉默？

如果**會議涉及決議事項，那麼與會者應該控制在七個人以內**。

知名企業顧問兼業務培訓師的保羅．艾克斯托（Paul Axtell）就曾說：

「會議的規模越小越好。與會者不應該超過七位！一個小時就能結束的會議，四到五個人剛剛好。[6]」

因為開會的人太多的話，難免影響討論的品質。有可能即便想發言也沒有機會，或者討論到一半便得草草結束。無論是面對面或線上會議，都會有這個問題。

77　出席者不宜超過8位，以免影響開會效率

NG

不指定出席者

- 降低發言機率
- 討論不夠充分

影響開會品質

OK

指定出席者

出席者不超過 7 人
（含召集者）

- 增加發言機率
- 踴躍表達意見

提高開會品質

排除對象：

- 無須出席，會後分享即可
- 悶不吭聲
- 堅持己見
- 唱反調

除此之外，如果想提高會議品質的話，平常不習慣發言的人最好不要列入開會名單。因為參加會議卻不發表意見，沒有任何實質上的意義。

78 少數服從多數，最容易做出錯誤決策

開會的時候，難免會遇到雙方意見分歧或僵持不下的狀況。即便最後勉強達成共識，但還是有可能產生對立。因此，**遇到重要的決議事項時，最忌諱的反而是多數服從少數**，以免做出錯誤的決定。

此時不妨參考第三章所介紹的矩陣圖，便能快速的鎖定重點。

首先，**確認決議事項的目的**。例如某企劃案的執行時間是一個月還是三個月，選擇的焦點必然不同。

目的確認以後，再設定評估項目與評分點數，並從中比較與判斷。有了公平的評估標準以後，自然容易達成共識。

矩陣圖除了實際的開會場景以外，透過分享螢幕畫面的話，在線上會議

78　矩陣圖是達成共識的秘訣

步驟1
條列出對策

步驟2
決定評估項目

步驟3
評估並決策

	200家客戶	效果	可行性	成本	合計	
A方案	針對經營者	3	2	1	**6**	←決議方案
B方案	針對主管	2	2	1	**5**	
C方案	針對專案人員	2	1	1	**4**	

＊3分代表滿分

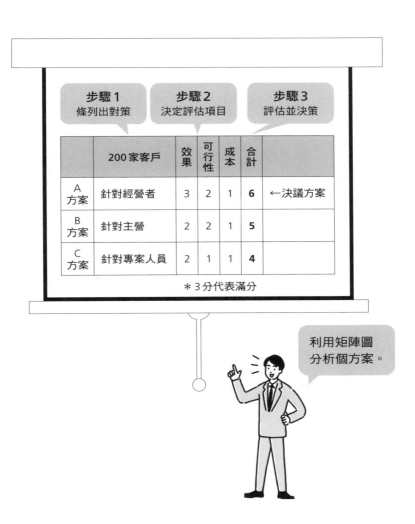

也能派上用場。

不管是意見分歧，還是想在短時間內達成決議的話，用矩陣圖就對了。

79 先做再說，就是最好的說服

雖然用矩陣圖能加速決策，但總會有人持反對意見。此時如果極力說服，那可就錯了。因為到頭來無非只是在浪費時間。

遇到這種情況，**說服要看時機**。換句話說，**不是在開會之前，而是執行了以後，以結果說服對方**。

事實上，商場上只看結果。例如精實創業就是最好的說明。開會中，當各方爭持不下的時候，在沒有風險的前提下，不妨先試行一部分，再做最後決議。反之，非得獲得全數通過的話，開會的議程反而可能一再延宕。

此時，倒不如提出：「那我們就測試一下吧。」如果風險不大，實際試行才是最佳對策。

79 商場永遠只看結果

NG

沒完沒了的溝通

OK

小範圍嘗試後，再做決斷

80 小心集體迷思的溝通陷阱

有時候礙於時間的緣故，不得不儘早結束會議。然而，此時必須注意陷入集體迷思（Groupthink）。所謂**集體迷思，指的是在取得共識的壓力下，做出不合情理或脫序的決斷**。

例如忽視客戶觀點或超出預算等，都是所謂的集體迷思。情況嚴重的話，還可能因為隱蔽資訊等，做出不合理的多數決決策。

這就是各業界龍頭經常爆發醜聞的原因。尤其是那些行事作風**較為一板一眼或堅持立場的公司**，請務必特別注意。一旦發現自己可能陷入集體迷思時，便應該及時停損，以便後悔莫及。

會議結束以後，也可以另外找機會利用矩陣圖，重新檢討並取得共識。

80　避免礙於時間壓力，做出錯誤判斷

冷靜思考後，發現判斷錯誤

↓

集體迷思的盲點

↓

NG	OK
強行決斷	開會後另行討論

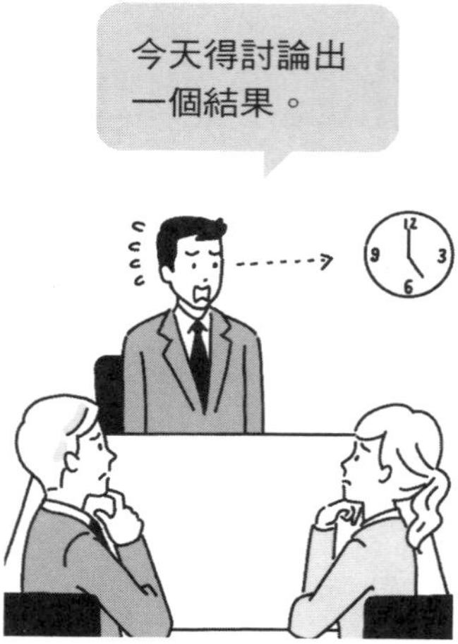

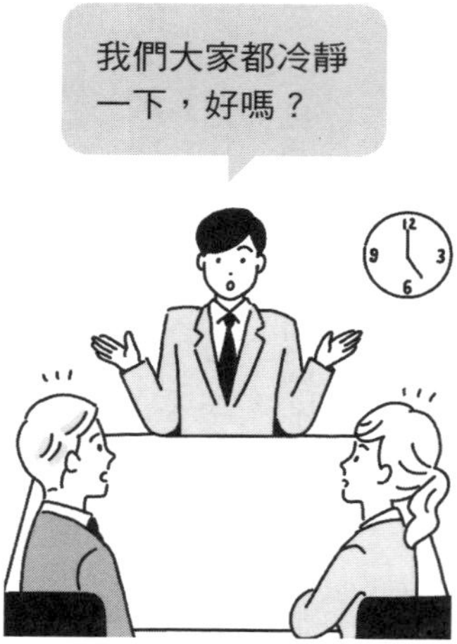

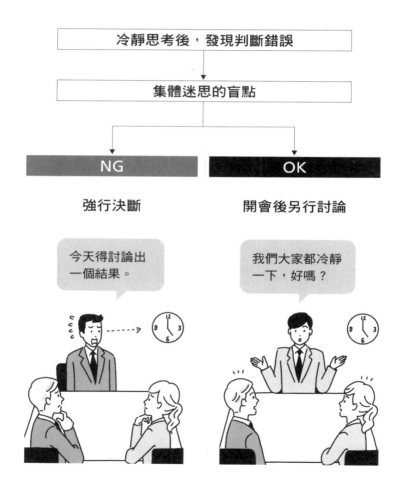

結語
效率越好的人，越容易做到死

近幾年來，受到大環境的影響，上班族已經不再是過去朝九晚五的印象。不論是居家辦公或縮短工時等，工作時間與空間都變得更有彈性。

儘管如此，實際上卻出現了以下這樣的聲音：

「在家裡怎麼工作？雜七雜八的事情一大堆。」

「縮短工時？說穿了，就是叫員工把工作帶回家做。」

「『自由座位』（Free Address，指由員工自由選擇座位）？一有問題，找誰處理？」

照理來說，居家辦公或縮短工時不是上班族的夢想嗎？為何大家還是不滿呢？

其實，這是由於大部分的人都不懂自我管理（Self-management）、無法掌握時間主導權的緣故。

由自己管理自己的事情，我們稱之為「自我管理」。

現在，自我管理已是時代所需，不僅坊間的培訓課程越來越多，許多企業也希望能藉由培訓，來安撫員工對新工作型態的不滿。

但對於我來說，正因為大環境如此詭譎多變，我們更應該做好自我管理，成為時間的主人。這才是人生成功的唯一關鍵。

各位不妨閉上雙眼想像：將時間掌控於手中的恣意與快感！

首先是，只花費一半的時間，便能達到事半功倍。

如此一來，便有更多的時間與家人或好友相處；或者下班後進修加強專業知識，參加才藝課程陶冶性情。

自從我掌握不空轉的工作省時術以後，人生從此截然不同。

不僅有更多的時間陪伴家人，工作亦屢次榮獲表揚，甚至透過內部創業，有了些許成就。

其後，我自行創業成立RASISA LAB，至今已超過十年。

一路走來，多虧有時短的絕技傍身，我才能游刃有餘的每年舉辦兩百場講座、寫上兩、三本書、每週上傳四部YouTube影片、五次Voicy（聲音版迷因平臺）或在雜誌上連載。

最重要的是，還能抽出時間與家人外出用餐、上健身房，時不時的旅行散心。總而言之，就是忙中偷閒，公與私都能兼顧。

過去的我也曾是加班狂，每天掛著一雙熊貓眼、偏頭痛、累到吐也堅守崗位到最後。自從我懂得如何掌控時間以後，人生從此豁然開朗。

我都能有一百八十度的轉變，更何況各位呢？

相信今後的人生必定加倍閃亮。

最後，倘若本書能為各位帶來一點啟發，將是我身為筆者最大的榮幸。

參考資料

1. 腦部疲乏警訊！「手機成癮症」對於注意力與記憶力的影響！大正製藥官網。取自：https://brand.taisho.co.jp/contents/tsukare/185/
2. USJ前行銷長森岡毅的下一步挑戰。北沖繩主題樂園的構想（2018.08）日經商業新聞。取自：https://business.nikkei.com/atcl/interview/15/230078/080900153/?P=2
3. 手機對於集中力的影響，海外研究案例（2019.01）。國家地理雜誌。取自：https://natgeo.nikkeibp.co.jp/atcl/news/19/012900065/
4. 注意力的維持與長期學習效果的關聯性　東京大學池谷裕二教授的見解。朝日新聞。取自：http://www.asahi.com/ad/15minutes/article_02.html134
5. 國譽於2019年，針對6,178位上班族做的「內勤工作與健康意識」調查。
6. The Condensed Guide to Running Meetings.（2015.07）. Harvard Business Review. https://hbr.org/ 2015/07/the-condensed-guide-to-running-meetings

國家圖書館出版品預行編目（CIP）資料

不空轉・工作省時術：聽到急件你就馬上做？難怪事情越積越多。你該提升的不是效率，而是抓出哪些事讓你做白工，然後不做！／伊庭正康著；黃雅慧譯. -- 初版. -- 臺北市：大是文化有限公司, 2023.03
272 頁；14.8×21 公分. --（Think；249）
譯自：無駄ゼロ、生産性を3倍にする最速で仕事が終わる人の時短のワザ
ISBN 978-626-7251-02-7（平裝）

1.CST：時間管理　2.CST：工作效率　3.CST：職場成功法

494.01　111019775

Think 249

不空轉・工作省時術

聽到急件你就馬上做？難怪事情越積越多。你該提升的不是效率，
而是抓出哪些事讓你做白工，然後不做！

作　　　者／伊庭正康
譯　　　者／黃雅慧
責 任 編 輯／黃凱琪
校 對 編 輯／連珮祺
美 術 編 輯／林彥君
副 總 編 輯／顏惠君
總　編　輯／吳依瑋
發　行　人／徐仲秋
會 計 助 理／李秀娟
會　　　計／許鳳雪
版 權 主 任／劉宗德
版 權 經 理／郝麗珍
行 銷 企 劃／徐千晴
行 銷 業 務／李秀蕙
業 務 專 員／馬絮盈、留婉茹
業 務 經 理／林裕安
總　經　理／陳絜吾

出　版　者／大是文化有限公司
臺北市100衡陽路7號8樓
編輯部電話：（02）23757911
購書相關資訊請洽：（02）23757911　分機122
24小時讀者服務傳真：（02）23756999
讀者服務E-mail：dscsms28@gmail.com
郵政劃撥帳號：19983366　戶名：大是文化有限公司

法 律 顧 問／永然聯合法律事務所
香 港 發 行／豐達出版發行有限公司 Rich Publishing & Distribution Ltd
地址：香港柴灣永泰道70號柴灣工業城第2期1805室
Unit 1805, Ph. 2, Chai Wan Ind City, 70 Wing Tai Rd, Chai Wan, Hong Kong
電話：21726513　傳真：21724355
E-mail：cary@subseasy.com.hk

封 面 設 計／FE設計
內 頁 排 版／黃淑華
印　　　刷／鴻霖印刷傳媒股份有限公司

出版日期／2023年3月初版
定　　價／新臺幣360元
ISBN／978-626-7251-02-7
電子書ISBN／9786267251218（PDF）
9786267251225（EPUB）

Printed in Taiwan
（缺頁或裝訂錯誤的書，請寄回更換）